송일준의 나주 수첩 ❶

송일준의 나주 수첩 ①

글·사진 송일준

스타북스

퇴직 후, 제주도 한 달 살기에 이어 나주 오래 살기를 시작했다. 나주
는 유년시절의 모든 추억이 있는 곳, 친구들이 살고 있고 눈에 익은 풍
경과 냄새가 있는 곳, 서울에 살면서 늘 그리웠던 곳이다.

혁신도시에 살면서 나주 구석구석을 돌아다녔다. 역사적 장소와 인
물, 뉴트로하거나 현대적인 카페, 맛집을 탐방하고, 지역재생을 위해 애
쓰고 의미 있는 일을 하는 사람들을 만났다.

보고 듣고 느낀 것을 글로 적었다. 제주도 한 달 살기 때는 매일 일기
를 썼지만 나주에서는 띄엄띄엄 글을 썼다. 그래도 거주한 시간이 길어
지니 쌓인 글의 양이 솔찬히 많아졌다.

나주에는 풍부한 역사문화 자원과 수많은 역사적 인물들이 있다. 흥
미진진한 스토리들이 있다. 백제에 의해 완전히 복속당하기 전까지 마
한의 중심지였고 고려 혜종 때 나주라는 이름으로 명명된 지 천년이 넘
은 고도이니 당연한 일이다.

하지만, 나주 하면 배 말고 다른 걸 떠올리는 사람들이 얼마나 될까. 나주를 가볼 만한 관광지로 생각하는 사람이 얼마나 될까.

풍부한 자원을 매력적인 관광콘텐츠로 만들어내지 못한 탓이 크다. 개발은 덜 됐지만 있는 그대로도 볼만한 가치가 있는 것이 적지 않은데 제대로 알려지지 않은 탓이 크다.

나주에는 전국적으로 유명한 나주곰탕의 원조집이 있고 600년 역사의 홍어음식 거리가 있다. 영산강이 만들어내는 아름다운 풍경과 헤아릴 수 없이 많은 역사문화관광 자원들이 있다.

우리 역사를 수놓은 위대한 인물들이 나주 태생이거나 나주와 관계를 맺었다. 고려를 무너뜨리고 조선을 개국한 혁명가 정도전, 거북선을 만들어 이순신 장군과 함께 왜적을 물리친 나대용 장군, 조선 최고의 로맨티스트 시인 백호 임제, 고려 말 왜구 격퇴의 명장 정지 장군, 한글 창제의 일등 공신 신숙주, 임란 의병장 금계 노인, 표류문학의 금자탑인 표해록의 저자 최부, 항일독립투사 아나키스트 나월환 등등.

백년 넘는 세월 동안 쇠락의 길을 걷던 나주가 반전의 계기를 잡은 것은 광주전남 공동혁신도시가 들어서면서부터다. 서울에서 KTX와 SRT가 서는 나주역까지 두 시간이면 충분하다. 당일치기든 며칠이든 여행하기 좋다.

흥미진진하고 매력적인 나주의 이야기를 많은 사람들에게 들려주고 싶다. 지난 7개월, 바쁜 시간을 쪼개 구석구석을 탐방하고 글쓰기에 매진했다. 남들 다 가는 여행지가 아닌 곳을 원한다면, 남도의 역사수도가 어떤 곳인지 알고 싶다면, 나주로 오시라.

아직도 탐방하고 써야 할 것들이 많지만 우선 지금까지의 기록을 모아 책으로 펴낸다. 〈송일준 PD 제주도 한 달 살기〉에 이어 두 번째다. 책을 읽고 나주가 보고 싶어지면 바로 여행길에 나서시라. 떨리는 가슴이 있고 튼튼한 다리가 있다면 차를 몰든 기차를 타든 나주를 향해 떠나시라. 나주가 당신을 기다리고 있다.

2022년 1월 20일

나주 혁신도시 카페 '더 코지 블랭크'에서

차례

제주도에서 만난 나주

제주도 한 달 살기를 했다. 광주MBC 사장을 끝으로 37년에 걸친 방송 생활에 종지부를 찍은 직후였다. 생전 처음 갖게 된 여유. 제주도에서 보낸 한 달은 더 이상 좋을 수 없었다. 단편적으로만 알고 있던 제주도의 역사도 조금 더 깊이 알게 됐다. 뭍에 들어선 권력의 종속변수로 살아올 수밖에 없었던 제주도 사람들의 삶이 전라도 사람들의 그것과 겹칠 때는 가슴이 뭉클했다.

영암에서 태어나기는 했지만 너무 어려서 떠난 탓에 기억에 남아 있는 것이 거의 없는 반면 나주는 친구들과 웃고 떠들고 뛰어 놀던 유년 시절의 추억이 생생하게 살아 있는 곳이다. 서울에서 산 반세기 동안 혹여 나주에 관한 뉴스라도 나올라치면 귀가 쫑긋 관심이 갔다. 그런데, 제주도에 나주와 관련된 전설들이 있다니 어찌 흥미가 솟지 않을 수 있겠는가. 사실 나주는 오랜 역사를 통해 제주도와 각별한 관계를 가졌었다. 고려시대에는 몽고에 항복하기를 거부하고 끝까지 항전하다 패한 삼별

초 장교들이 제주도에서 나주로 압송되어 처형되었고, 조선시대에는 나주목에 수많은 섬들이 속해 있었는데 제주도도 그 중 하나였다. 표류문학의 금자탑인 표해록의 저자 금남 최부 선생은 나주 사람이었다. 제주목에서 추쇄경차관으로 근무하다 부친상을 당해 집으로 돌아오는 길에 풍랑을 만나 표류하다 중국에 닿았고, 수십 명의 수행단과 함께 귀국하기까지 몇 달에 걸친 여정과 중국 사정을 세세히 기록했다.

한 달 살기를 하러 간다는 말을 들은 나주의 지인이 말했다.

"제주도 표선에 나주 금성산신을 모시는 신당이 있습니다."

신화에 의하면 제주도 서귀포 토산에 좌정한 신은 나주 금성산에 살던 귀 달린 '천구아구대멩이'라는 뱀이다. 서귀포에서 한 달 살기를 시작한 지 오래지 않은 어느 비 오는 날 토산리 신당을 찾아 나섰다. 신당은 토산포구 옆 공터에 있었다. 마을 사람들 말에 의하면 동네사람들 전체가 지내는 제祭는 사라졌고, 어느 무속인이 때가 되면 제물을 바치고

광주MBC 사장을 끝으로 37년에 걸친 방송 생활에 종지부를 찍자 생전 처음 여유를 갖게 되었다. 서귀포 법환 포구에 숙소를 정한 뒤 제주도에서 보낸 한 달은 더 이상 좋을 수 없었다.

치성을 드린다고 했다. 제주도 서귀포 바닷가 신당에 좌정한 나주 금성산신. 어떤 사연이 있을까.

　전주와 함께 호남의 양대 중심이었던 나주의 목사牧使는 중요한 관직이었다. 임기는 1년 미만부터 길게는 몇 년을 채우기도 했다. 그런데 나주목사로 부임한 이들이 백일을 넘기지 못하고 연이어 봉고파직을 당했다. 아무도 나주목사를 하려 하지 않았다. 양 목사가 자원했다. 수행을 거느리고 요란스레 나주 금성산을 지날 때 통인이 말하기를 '이 산에 토지관이 사니 말에서 내려 지나가야 한다'고 했다. 양 목사는 "내가 토지관이거늘 어찌 또 토지관이 있단 말인가" 하며 말을 몰아 금성산에 올랐다. 청기와집에서 예쁜 아가씨가 머리를 빗고 있었다. 귀신이었다. '썩 정체를 보이라' 명하니 아가씨가 거대한 구렁이로 변했다. 포수들을 불러 총을 쏘니 놀란 구렁이는 옥바둑 금바둑으로 변해 하늘을 날아 한양 종로 네거리에 떨어졌다. 마침 제주도에서 진상하러온 형방 셋이 바둑돌을 주워 담았다. 일을 마치고 배를 띄워 제주도로 돌아가려 할 때 바람이 일지 않아 한없이 기다리게 됐다. 점을 쳤다. 점쟁이가 일러준 대로 강 씨 형방의 보자기에 들어 있는 바둑돌을 선왕(서낭)에 모시고 굿을 하니 돌연 순풍이 불었다. 배를 몰아 제주도 성산 온풍리 포구에 도착했다. 바둑돌은 아가씨로 변했다. 마을 당신 맹호부인에게 신고하자 '한 마을에 두 토지관이 있을 수 없다'고 내쫓았다. 아가씨는 서귀포 토산으로 가 메뚜기마루에 좌정했다.

　어느 날 풍랑을 만나 난파당한 왜놈들에게 쫓기다 능욕을 당하고 억울하게 죽었다. 혼령이 표선면 가시리 강 씨 집안 외동딸에게 의탁했다. 갑자기 실성해 헛소리를 하는 딸을 위해 굿을 하자 정신이 든 딸이 연갑

속 명주를 살펴보라 말했다. 명주 틈 속에 작은 뱀이 말라 죽어 있었다. 심방(무당)은 백지에 뱀을 그리고 굿을 했다. 소와 닭을 잡아 사람들을 대접하고 배를 만들어 제주 명산물을 가득 실어 바다로 띄워 보냈다. 외동딸의 신병이 씻은 듯이 나았다. 나주 금성산신은 토산리에 좌정해 토산리 사람들의 화복禍福을 관장하면서 제를 받아 먹었다.

금성산에 들어앉아 토지관 행세를 하다 제주도로 쫓겨온 뱀의 정체는 무엇이었을까. 혹시 지방관을 능멸할 정도의 강력한 세력을 가진 나주지역의 어느 토호였을까. 나주를 배경으로 한 영화 '군도'의 스토리처럼 관의 행패를 못 참고 항거해 쫓아낸 의인 혹은 한데 뭉친 백성들의 상징일까. 외지에서 온 목사가 말을 듣지 않자 배타하고 모함하여 파직당하게 만든 지역의 권세가였을까. 그러다가 당찬 목사에게 패하여 제주도로 도망친 것일까. 여러 가지 상상이 머릿속을 채웠다. 설화든 전설이든 아무런 근거 없이 만들어질 리 없다는 점을 생각하면 실제 그런 일들이 있었을 수도 있겠다.

신당은 생각했던 모습과 달랐다. 뭍에서 흔히 보는 신당과는 사뭇 다른 제주도의 신당. 당堂이라는 이름을 쓰고는 있지만 근사한 집인 경우는 극히 드물고 큰 나무나 바위 아래 혹은 동굴이 대부분이다. 토산2리 신당은 그런 것도 아니고 포구 한 켠에 지어 놓은 작은 비닐하우스였다. 자물쇠 옆에 뚫린 작은 구멍으로 들여다보니 텅 비어 있었다. 여기가 신을 모시는 성소라니. 조금 허망했다. 제주도 서귀포 토산2리 신당의 뱀신 설화와 더불어 나주와 제주도가 맺어온 오래되고 깊은 관계를 보여주는 또 다른 설화가 조천에 전한다고 들었다. 어떤 내용일까. '제주도신화'라는 책(현용준 저)의 '조상신화편'을 찾아 읽었다.

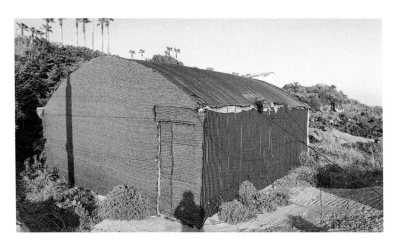

토산2리 신당은 포구 한 켠에 지어 놓은 작은 비닐하우스였다.

제주도에 7년 가뭄이 닥쳤다. 조천의 큰 부자인 안씨 선주에게 제주목
사가 부탁했다.

"백성들 구제에 재산을 쓸 수 있겠느냐."

안씨 선주는 배들을 이끌고 뭍으로 갔다. 영산강을 거슬러 올라 영암
덕진나루에 배를 붙이고 사방팔방 곡식을 구하러 다녔다. 안씨 선주가
사들인 것은 나주 기민창의 보관기한이 끝난 양곡이었다. 나주 사람들
의 도움으로 양식을 다 싣고 출발하려는 때 갑사 댕기를 땋은 예쁜 아가
씨가 발판으로 배를 타는 모습이 보였다. '이상하다. 배를 탈 이유가 없
는 처자가 웬 일이람.' 배 안을 둘러보았으나 어디에도 없었다. 제주도
로 돌아오는 안씨 선주의 배가 조천 앞바다에 이르렀을 때 배 밑창에 구
멍이 나 가라앉기 시작했다. 하늘님께 빌었다. "이 곡식이 들어가야 제
주 백성들이 살 터인데 도와주소서."

가라앉던 배가 뜨기 시작했다. 커다란 구렁이가 뚫린 구멍을 막고 있었다. 조천포구에 무사히 도착한 안씨 선주는 구렁이가 조상님일지 모른다고 생각했다. 집으로 달려가 목욕재계하고 향불을 피우고 청감주를 차려 모시러 다시 배로 달려갔다. 집으로 가시자는 말에도 꼼짝 않던 뱀이 이경이 넘어 몸을 일으키더니 안씨 선주를 따라 갔다. 집안을 한 바퀴 휘이 둘러보더니 새콧알로 내려가 움직이지 않았다. 곁에서 밤을 새우다 깜박 잠이든 안씨 선주의 꿈에 뱀이 나타나 말했다. 나는 기민창을 지키던 너의 조상이다. 창고가 비게 되어 양곡을 따라 제주도로 건너왔다. 나를 잘 모시면 큰 재산과 복을 가져다 줄 것이다.”안씨 선주가 꿈에서 깨자 뱀은 스르르 새콧알 바위 틈으로 몸을 감추었다. 조천관 새콧알 바위틈으로 몸을 감춘 뱀을 조천 사람들은 새콧할망당신으로 모시고 때마다 굿을 하고 제를 지내며 정성을 바쳤다. 자손들은 번창했고 부자가 되었다.

제주도 한 달 살기 마지막 날. 조천 새콧할망당을 찾아갔다. 한 달 살기의 초반과 끝을 나주에서 건너온 신을 만나는 것으로 장식한 셈이다.

새콧할망당은 옛날에는 바닷가에 있었다. 60년대에 새마을운동으로 바다를 매립해 동네를 넓힌 까닭에 지금은 동네 안 골목길에 있다. 모르는 사람은 무심코 지나칠 수밖에 없는 바위. 동네 주민에게 물어 겨우 찾은 새콧할망당은 시멘트가 발라지고 하단이 반쯤 도로에 묻힌 검은 바위였다. 새콧할망당신이 나주에서 온 뱀이라는 것도 아는 사람이 드물다. 이대로 가다가는 조만간 잊혀지고 언젠가는 바위조차 걸리적거린다고 파내버릴지 모른다는 생각이 들었다. 직접 찾아간 나주 관련 제주도 신당은 두 군데지만 채집되어 기록으로 남겨지지 못하고 입으로 전

동네 주민에게 물어 겨우 찾은 조천 새콧할망당은 시멘트가 발라지고 하단이 반쯤 도로에 묻힌 검은 바위였다.

해지다 사라져버린 신화와 신당들도 있을 수 있다. 미신 타파, 기독교 확산, 경제 발전, 의식 변화 등 많은 원인이 있지만 사라지는 신당과 함께 우리 민족 고유의 사고체계, 생활태도, 세계관을 담고 있는 문화적 용기가 사라지고 있다. 안타깝지 않을 수 없다.

제주도 여기저기를 돌아다니다 보면 흔히 만나는 뱀조심이란 팻말에서 보듯 뭍보다 습하고 따뜻한 제주도에는 뱀이 많다. 우리 문화에서 뱀은 흉물이 아니었다. 뱀을 사악함의 상징으로 인식하는 것은 근대에 유입된 서양 기독교의 영향일 수 있다. 아담과 이브에게 선악과를 먹게 함으로써 하나님만 알고 있어야 하는 선악을 구별할 수 있는 눈을 뜨게 한 유혹자. 기독교 유일신의 입장에서 보면 무지한 상태로 남아 있어야 할 인간에게 지식을 가져다 주었으니 혐오와 기피의 대상이 될 수밖에 없었다. 그러나 동방문화권에서 뱀은 지혜와 풍요의 상징이었다. 토산리 신당의 뱀신은 처녀의 모습을 하고 있는데 시집 가기 전 처녀의 순결을 보호한다. 조천에서는 동네 당신으로 또는 집안의 조상신이 되어 섬김을 받고 있다. 신화에서 보듯 뱀은 뭍의 동물이지만 간혹 바다를 건너는 대모험을 한다. 나주에서 제주도로 건너온 뱀은 밭농사 위주이던 제주도에 곡창지대인 나주의 쌀 문화가 유입된 것을 의미한다는 해석이 있다. 그런 견해를 수긍하면서도 나는 바다를 건넌 뱀이 나주 사람들의 지혜와 진취성, 모험심을 상징하는 것이 아닐까 생각한다.

조천 안씨 선주가 곡식을 구하러 영산강을 거슬러 올라 영암 덕진나루에 배를 댔듯이 옛날의 영산강은 지금보다 강폭이 몇 배나 넓고 바다를 자유롭게 드나들 수 있는 열린 길이었다. 그 물길을 따라 중국, 일본의 배들이 드나들었고 때로는 왜구들이 쳐들어 와 노략질을 했다. 하구언으로 막히고 보로 잘리기 전의 영산강은 평야에서 나는 쌀과 함께 무역을 통해 벌어들이는 재화로 나주를 남도의 중심이 되게 한 원천이었다. 그 시절의 나주는 지금보다 더욱 국제적으로 열린 도시였을 것이다. 구한말 이래 쇠락을 거듭해온 역사와 더불어 나주 사람들을 조금이라도 배타적 폐쇄적으로 만든 것이 있다면 바다로 나아가는 길을 막아버린 영산강 하구언, 물의 흐름을 방해하는 보洑에도 그 원인이 있지 않을까 생각한다.

제주도 한 달 살기 동안 나주 출신 뱀신들을 모시는 사당을 찾아다니면서 생각했다. '바야흐로 나주에 혁신도시가 들어서면서 대반전의 계기를 잡은 나주가 옛날 바다를 건넜던 뱀의 지혜 용기 모험심을 보고 배울 수 있으면 좋겠다.' 쌀이 주식이었던 시대를 지나 문화가 주식이 된 시대. 서귀포 토산 신당과 조천 새콧할망당 스토리를 나주와 제주도가 함께 또는 나주 혼자서라도 지키고 활용해야 할 소중한 문화 자원이자 콘텐츠로 보는 관점이 필요하다.

광주 양림동에서
나주 읍성을 생각하다

광주 양림동. 광주에서 제일 좋아하는 동네다. 근대 호남 기독교의 역사가 있고, 시인 소설가 예술가들이 살았고 살고 있으며, 품격 있는 미술관들이 있는 한편 정크아트로 유명한 펭귄마을이 있다. 폐품을 활용한 작품들로 유명해진 펭귄마을 입구에는 광주MBC 라디오 오픈스튜디오가 있고 맛있는 빵집, 카페, 음식점들이 있다. 광주MBC에 재임하는 3년 동안 양림동에 자주 다녔다. 전통 한옥과 양옥, 현대식 건물들이 섞여 자아내는 마을의 독특한 정취. 다른 일이 있거나 오토바이 라이딩을 나가지 않는 주말이면 으레 발길이 향했다. 도심재생과 활성화가 화두인 시대. 양림동은 문화예술을 통한 관광 활성화가 무엇인지 보여주고 있다.

3월 3일부터 5월 9일까지 '제1회 양림골목비엔날레'가 열렸다. 문화기획자들, 화가들, 상인들, 주민들이 별다른 관의 지원 없이 힘을 합쳐해냈다. 음식점, 카페들, 심지어 빈집들까지 전시장으로 변했다. 양림동

제1회 양림골목비엔날레가 열리자 음식점, 카페들, 심지어 빈집들까지 전시장으로 변하는 등 양림동 전체가 거대한 미술관으로 탈바꿈했다.

전체가 거대한 미술관으로 탈바꿈했다. 관람객들은 도슨트의 안내로 마을 구석구석을 걸으며 예술의 향기에 젖었다. 4월 1일부터 5월 9일까지 열린 광주비엔날레를 보러 온 관람객들이 양림동을 찾았다. 크고 화려한 세계적 비엔날레와 작고 소박한 마을 비엔날레가 결합해 시너지효과를 발휘했다. 은성유치원을 리모델링한 '십년 후 그라운드'에서 제1회 양림골목비엔날레 폐막식이 있었고 나는 과분하게도 감사패를 받았다. 발레계의 세계적 명사인 최태지 광주시립발레단 예술감독과 성현출 문예회관장의 협조를 얻어 개막식에서 작은 발레공연을 할 수 있도록 주선했을 뿐인데.

광주MBC 사장으로 재임하는 3년 동안 지역을 둘러보며 도시재생의 현실과 바람직한 방향에 대해 많이 고민했다. 방송이 가진 힘을 통해 기여하고 싶어 지자체와 손을 잡고 여러 가지 일을 했다. 나주정미소 창고를 음악공연장으로 바꾸고, 양림동에 라디오 오픈스튜디오를 개설하고, 담양에 LP뮤지엄을 추진했다. 그 밖에 다른 아이디어도 제안했지만 실현되지 않았다. 여러 사정이 있겠지만, 지자체의 이해가 부족하거나 의지가 약하다고 느꼈다. 특히 공무를 담당하는 이들의 수준에 따라 지자체의 반응이 달랐다. 제안하자마자 '아 그거 우리랑 합시다' 하는 데가 있는가 하면 이런 저런 이유로 받아들이지 못하는 데도 있었다. 양림동은 거주하는 이들 스스로 아이디어를 내고 실행에 옮기는 에너지가 있었다. 예술을 통한 관광 진흥이라는 목표를 가지고 시작한 양림골목비엔날레는 그런 자발적 에너지에 의해 실현되고 성공적으로 끝났다. '제1회 양림골목비엔날레'. 몇 사람의 열정으로 시작한 전시회지만 하다 보면 노하우가 생기고 점점 더 좋아질 것이다. 지자체가 힘을 보태 국제적인 골목비엔날레로 키워나가면 좋을 것이다. 충분히 그럴만한 매력이 있다.

나주에도 주민들이 자발적으로 하는 이런 전시회가 있으면 좋겠다. 가령 '나주읍성국제골목비엔날레'. 오랜 세월 쇠락을 거듭해온 탓에 외려 매력적인 자원과 분위기가 남아 있는 곳. 금성관, 사대문, 성벽, 일제

관람객들은 커피를 마시며, 식사를 하며, 수준높은 작품들을 감상했다. 도슨트의 안내로 마을 구석구석을 걸으며 예술의 향기에 젖었다.

강점기 건축물, 한옥, 양옥, 연애 골목 같은 오밀조밀한 골목들. 나주에 사는 예술가들과 외지 예술가들을 불러들여 카페, 레스토랑, 빈 집들을 작품으로 채우고, 나주읍성 전체를 거대한 갤러리로 바꿀 수 있다면 다른 어느 곳에 뒤지지 않은 멋진 비엔날레가 만들어질 수 있을 게다. 배만 부르면 되는 시대는 지났다. 쌀이 아니라 문화가 주식이 된 시대다. 문화와 예술을 일상적으로 향유할 수 있어야 인간답고 품격있는 삶을 누릴 수 있다. 서울에 비해 열악하지만 서울에 없는 매력을 활용해 서울보다 더 나은 곳으로 만들어야 한다. '제1회 양림골목비엔날레'도 돈이 없어 힘들었는데 서부발전이 지원한 천 만원이 큰 도움이 됐다고 했다. 지자체가 더 적극 지원했더라면 좋았겠다고 생각한다. 충분히 수준 높은 이들이 주도하고 있으니 지원은 하되 간섭은 말고. 테이프를 끊은 '양림골목비엔날레'. 꾸준히 계속해서 이어가기 바란다. 계속이 힘이다.

나주의 5.18

〈나주 오월민중항쟁 체험 구술집 '5.18과 나주사람들'〉을 읽었다. 현재 진행되는 일인 듯 생생하다. 머릿속에 그때의 광경이 그려지며 가슴이 아려온다. 흔히 '5.18광주민중항쟁'이라 말하지만 5.18은 광주에 국한된 것이 아니다. 시위와 집단발포는 광주에서 시작되었으나 전남 서남부지역으로 확산했고, 요지에 있는 나주가 중요한 역할을 했다. 예로부터 의향義鄕으로 알려진 나주 사람들이 목숨을 걸고 민주주의를 위해 싸움에 동참했다. 나주역 사건이 발단이 돼 시작된 학생독립운동이 '광주학생독립운동'이 아니듯, 5.18도 '5.18광주민중항쟁'이 아니라, '5.18민중항쟁' 또는 '5.18민주화운동'이다.

5.18구속 송치자 명단을 보면 대부분 1950년대 말에서 1960년대 초반에 태어난 내 또래 베이비부머들이다. 평범한

나주 금성관 앞에 설치되어 있는 5.18민중항쟁 안내판.

젊은이들이 무기를 들고 싸웠다. 많은 이들이 죽거나 폭도로 몰려 갖은 고문을 당하고 옥살이를 했다. 평소 민주투사였던 것도 아니다.

"시민의 한 사람으로서 이것은 아니다고 생각했다. 우리 세금으로 먹고 살고 양성되고 있는 국군이 무자비하게 민간인을 폭행하고 희한한 곤봉으로 학생들을 두들겨 팼다. 도저히 안되겠다는 생각이 들어서 시민의 한 사람으로서 동참하게된 것이다."

박삼수 씨의 말처럼 자국 군대가 국민을 무자비하게 살상하는 상황을 눈으로 목도하고 도저히 참을 수 없어서 일어선 선량한 시민들이었다. 책에는 나주중학교 동창들과 동기생 박선재의 증언도 실려 있다. 오래 전 서울 친구 결혼식에서 수십 년 만에 만나 들은 이야기보다 더 자세하다. 자랑스럽다.

1980년 5월. 나는 매일 안암동에서 시청 앞으로 진출해 데모를 했다. 서울역 회군 당시 현장에 있었다. 비상계엄이 확대된 후 집에 틀어박혔다. 5.18이 무참히 진압된 후 다방에서 친구로부터 건네받은 유인물에 적힌 광주의 참상. 부들부들 떨렸던 기억이 지금도 생생하다. 5.18의 현장에서 목숨을 걸고 싸우고 그 후로도 오랫동안 고통받은 사람들에 대한 부채의식이 1984년 MBC에 입사해 방송PD로 일하는 내내 가슴 한 켠에 자리했다. 정권이 아니라 국민들을 위한 방송을 해야 한다는 채찍이 되었다. 광주MBC 사장으로 부임해 일한 3년 동안 광주MBC가 '5.18 콘텐츠의 허브'가 돼야 한다고 강조하며 5.18관련 프로그램과 행사에 최선을 다했다. 5.18. 41년의 세월이 흘렀지만 여전히 진상규명은 완벽하게 이루어지지 않고 5.18을 왜곡 날조하는 세력이 날뛰고 있다. 맞서 싸워야 한다. 희미해져 가는 기억과도 싸워야 한다. '아직도 5.18'이 아니라 '영원히 5.18'이다.

백제시대의 절에서 만난
고려시대의 석불

　나주 미륵사. 봉황면 덕룡산 중턱에 있다. 아름다운 마을 철천리 외곽
이다. 가파른 경사를 따라 들어선지라 계단을 한참 올라가야 절에 들어
갈 수 있다. 눈앞을 가로막은 돌계단이 아득해 보이지만 한 발 한 발 오
르다보니 금새 절 마당이다. 544년 백제시대에 창건된 미륵사는 대웅전,
관음전, 삼성각, 설법전, 요사채로 이루어진 작고 아담한 절이다. 절 앞
에 일렬로 늘어선 거대한 부도들이 눈길을 끈다. 납골묘다. 미륵사가 들
어선 터는 봉황이 알을 품고 용이 여의주를 문 형상의 명당이다. 미륵사
에는 보물이 두 점 있다. '보물 461호 마애칠불상'과 '462호 석조여래입
상'이다. 고려시대의 작품들이다. 절에서 가장 높은 곳에 비계로 둘러싸
인 건물이 한창 건축 중에 있다. 석조여래입상 보호각이다. 허리를 숙여
비계 사이로 들어가자 거대한 돌부처가 있다. 5미터가 넘는다(5.38m. 광
배까지 한꺼번에 조각된 거불은 고려 초기의 작품으로 추정된다. 그물
을 쳐놓아 자세히 보기 힘들다.

"주변에 큰 바위도 없는데 이 큰 걸 여기서 조각했을까요 아님 옮겨왔을까요?"

"옮겨왔을 걸로 추정된답니다. 옛날엔 절 아래 가까운 데까지 바닷물이 들어왔으니까요."

안내해준 세지중학교 김문정 행정실장의 설명이다. 고려시대 사람들은 이토록 거대한 석조불상을 어떻게 배로 실어 날랐고 어떻게 높은 산 중턱까지 운반했을까.

미륵사 주지 원일스님의 노력으로 국비를 확보해 시작한 보호각 건축 공사가 끝나고 비계를 철거하면 3층짜리 석조여래입상 보호각이 웅장한 자태를 드러낼 것이다.

"인근 지역에서는 볼 수 없는 나주의 명물이 될 것입니다."

석조여래입상 아래 쪽에 '보물 461호 마애칠불상'이 있다. 우주선 귀

나주 미륵사 구경을 했다. 봉황면 덕룡산 중턱에 있다. 아름다운 마을 철천리 외곽이다.

보물 462호 석조여래입상. 현재 보호각을 짓고 있어 비계가 설치되어 있다.(왼쪽)
나주 철천리 마애칠불상.(오른쪽)

환캡슐 모양의 마름모꼴 바위 주위에 모두 일곱 분의 부처님이 새겨져
있다. 동쪽과 북쪽의 부처님은 좌상이고 남쪽 네 분 부처님은 모두 입상
이다. 서쪽에도 원래 두 분의 부처님이 새겨져 있었는데 일제 강점기 때
한 분이 사라졌다. 마애칠불상 맨 꼭대기에는 힘을 가하면 돌아가는 동
자상이 있었다는데 역시 사라지고 없다. 동자상이 잘 돌아가면 아들을
낳는다는 설이 있었다. 마애칠불상의 사라진 부처님 한 분은 부처님 조
각 부분을 떼어 돌가루로 만들어 먹으면 아들을 낳을 수 있다는 설을 믿
은 누군가가 떼어갔을 거란다.

　멀리 무등산이 보인다. 덕룡산과 무등산 사이, 너른 들판과 크고 긴
강이 흐르는 이 땅에서 장구한 세월, 사람들이 살아왔다. 굽이치며 흐르

는 영산강처럼 백성들의 삶도 역사의 물결을 따라 출렁거렸다. 고려 조선시대를 거쳐 오랜 세월 남도의 중심이었으나 구한말 이래 쇠락 일변도를 걸어왔던 나주. 혁신도시가 가져다준 소중한 반전의 기회와 다른 어느 곳보다 풍부한 역사문화적 자원을 최대한 활용해서 잃어버렸던 과거의 영광을 반드시 재현해야 한다. 땀에 젖은 셔츠 위로 한 줄기 시원한 바람이 훑고 지나갔다.

한옥 게스트하우스
'나주향'

장마인가 싶을 정도로 비가 쏟아진다. 택시를 타고 후배 부부를 만나러 나주읍성으로 간다. '죽설헌의 노랑 창포꽃이 보고 싶다'고 서울에서 내려온 후배는 옛날 내 AD를 했고 PD수첩을 함께 했다. 읍성에서 점심을 먹고 후배 부부가 예약한 한옥에 들렀다. 한옥 게스트하우스 '나주향'. 나주시청 홈페이지에 들어가 찾아냈단다. 후배는 가장 작은 방을 예약했다. 미리 받은 대문 비밀번호를 눌러 집안으로 들어갔다. 잠시 후 주인인 김강원 씨가 차를 타고 달려왔다. 나와는 구면이다. 이 집에서 두 번 잔 적이 있다. 김강원 씨는 동신대 후문 쪽에서 PC방을 운영한다. 한옥게스트하우스는 부업인 셈이다. 광주에 살다가 이사했는데 '광주보다 공기도 맑을 것이고, 혁신도시가 들어서면 시의 재정도 좋아지고 주민 복지도 좋아질 것이다'라고 생각했단다. 무상 1억에 저리 1억. 무려 2억을 시에서 지원 받을 수 있는 나주시의 한옥 건축 지원정책도 마음을 끌었다. 백 평 약간 못 미치는 땅을 샀다. 한옥을 지어 살면서 게스트하

한옥 게스트하우스 '나주향'

우스도 하고 싶었는데 그가 산 땅에는 2층 한옥을 지을 수 없었다. 한옥 지구 내에서도 어느 구역은 1층으로만 지을 수 있고, 어느 구역은 2층까지 지을 수 있는 규정 때문이었다. 할 수 없이 살림집은 일반 주택으로 따로 지었다.

나주향의 방은 세 개. '우정' '사랑' '행복'이라는 이름이 붙어있다. 우정이 가장 작고 행복이 가장 크다. 우정은 오 만원, 행복은 십오 만원. 사랑은?

"하루 방값으로는 유지비도 안 나옵니다. 아직 이 지역에 도시가스가 들어오지 않아서 겨울엔 하룻밤 큰 방 LP가스비만 거의 삼사 만원이 들어갑니다. 가장 작은 우정 방도 1박에 최소한 육 만원은 받아야 하는데 시청 홈피에 오 만원으로 올라가 있어 할 수 없이 그리 받고 있습니다. 한옥게스트하우스로 생활한다는 건 답이 안 나와요."

행복 방은 넓은 거실, 침실, 개수대, 화장실, 샤워실 등을 다 갖추고 있다. 고개를 젖혀 올려다보니 대들보에 입주 상량 2019년 3월 19일이라 적혀 있다. 준공한 지 2년이 약간 넘었다.

김강원 씨의 설명이다. 후배의 말에 의하면, 예약전화를 했을 때 게스트하우스 주인은 "나는 한옥게스트하우스로 생활하는 사람이 아니다"라며 그렇게 반가워하는 느낌이 아니었다고 했다. 그랬던 사람이 차를 타고 달려온 것이다. 어떻게 된 것일까. 설명을 들어 보니, 찾기도 쉽지 않은 나주향을 시청 홈페이지에 까지 들어가 찾아낸 서울사람이 대견(?)하고, 부부 둘이서 모처럼 나주여행을 온다니까 '한 2만원만 더 받고 기왕이면 제일 큰 방에서 편하게 묵게 해주고 싶어서' 달려왔는데 뜻밖에 송 사장님이 와있어서 추가 요금을 받기도 뭐하고 어차피 다른 손님도 없으니 그냥 큰 방으로 옮겨주겠단다. 후배는 졸지에 독채를 통째로 쓰게 됐다.

김강원 씨는 장흥 출신이고 처가는 영암이다. 광주에서 PC방을 하며 생활했는데 처가를 갈 때 지나는 나주가 이상하게 마음에 들었단다.

"많은 분들이 따뜻하게 대해주고 사이좋게 지내고 있지만, 아직도 제가 외지 사람이라는 식으로 배타적인 분위기를 느낄 때가 있어요. 혁신도시가 들어서고 외지 사람들이 많이 들어와야 나주가 사는 판에 그런 말을 하는 사람을 만나면 황당하고 한심합니다."

이런 말을 듣는 나도 한심하다. 외려 옛날 나주가 번창했던 시절의 사람들이 더 개방적이고 국제적이었을 것 같다. 넓은 영산강에서 바다로 나아가 일본·중국과 교류했던 사람들. 거기서 축적한 재화로 예성강에서 세력을 구축한 왕건과 손잡고 고려를 개국하고, 조선시대 전라도의 한 축으로 남도를 관할했던 나주목 사람들. 그 옛날처럼 바다와 강을 나누는 영산강 하구언도 강물을 끊어놓은 보들도 전부 철거하고 그 옛날처럼 영산강 상류에서 배를 타고 중국으로 일본으로 갈 수 있다면 얼마나 좋을까. 물리적 단절과는 별도로 사람들의 마음은 무한대로 개방적이고 세계적일 수 있다. 나주사람들의 도량이 우주만큼 커졌으면 좋겠다.

졸지에 우정에서 행복으로 옮기게 된 후배. 넓은 거실, 침실, 개수대, 화장실, 샤워실… 운동장만한 방에 감탄한다. 고개를 젖혀 올려다보니 대들보에 입주 상량 2019년 3월 19일이라 적혀 있다. 준공한 지 2년이 약간 넘었다.

"나주시가 적지 않은 돈을 지원해주면서 한옥을 지으라는데 쉽지 않습니다. 돈도 없는데 짓는 동안 어디 가서 삽니까. 좁은 골목 안에 짓기도 쉽지 않고요. 도로변은 그래도 2층으로 올릴 수가 있으니 좋지만요."

나주시의 한옥 장려정책, 동네 사정, 도시재생 문제 등에 대한 문제의식이 만만치 않다.

"사회적·정치적으로 아는 것도 많고, 문제의식도 많으시네요."

"아이고, 무슨 말씀을요. 알면서도 말 않고, 문제라고 생각하면서도 조용히 있습니다. 많은 사람들이 그럴걸요. 우선 살기도 바빠서요."

대부분의 서민들이 그럴 것이다. 뭐가 문제인 줄 알면서도 귀찮고 피곤해서 입을 닫는다. 그러나 다수가 목소리를 내지 않으면 힘을 가진 소수가 다수를 힘으로 누르고 좌지우지하게 되고, 크게는 나라에서 작게는 조그만 단체에 이르기 까지 썩고 망할 것이다. 자기가 속한 사회의 정치에 관심을 갖고 목소리를 내지 않으면 자기보다 못한 사람들의 지배를 받게 된다.

예쁘게 쌓은 흙담을 따라 심어져 있는 활짝 핀 낮달맞이꽃들이 비에 젖어 쓰러져 있다. 작은 꽃잎에서 진한 향기가 풍긴다. 비에도 지지 않는 꽃향기처럼 쇠락한 원도심의 골목골목에 깔끔하고 예쁜 한옥과 양옥들이 들어서고, 세련된 문화의 향기가 가득차고, 외지 사람들이 몰려오는 날이 빨리 오면 좋겠다.

나주의 숨은 보석 죽설헌
노랑창포꽃밭의 황홀

택시 기사에게 '죽설헌으로 갑시다'고 하면

"죽써~머시요? 어딘지 잘 모르겠는디요."

매번 이런다. 다시 이렇게 말한다.

"배박물관으로 갑시다. 그 반대편 농협주유소 옆길로 쭈욱 들어가면 돼요."

개인 정원이라 대대적으로 공개하지 않아 나주사람들조차 그 존재를 잘 모른다. 그렇더라도 KBS '다큐공감'에도 소개됐고 EBS '집'에서도 방송됐는데… 지상파의 쇠락을 새삼 실감한다. 배밭 사이 좁은 길을 구불구불 달린다. 가는 도중 갈랫길마다 '황토한과'라는 팻말이 붙어 있다. 자세히 보면 '죽설헌'이라 적힌 작은 팻말도 찾을 수 있다. 나주시 금촌면 촌곡리. 신추저수지 제방 밑으로 난 좁은 길을 끝까지 달리면 온통 등나무 줄기로 덮인 주차장이 있다. 얼마나 울창하게 얼크러졌는지 대낮인데도 캄캄하다. 놀라운 것은 이 많은 줄기가 하나의 뿌리에서 나와 퍼졌다는 것이다. 등나무꽃이 필 때는 그런 장관이 없다. 주렁주렁 꽃등이 수도 없이 매달린 풍경. 옛날 백제인들이 등나무꽃을 왜 좋아했는지 알 것 같다. 일본인들 중에 등나무 등자를 쓰는 성, 즉 사토佐藤, 이토伊藤… 등은 백제계 도래인의 후손일 가능성이 크다. 대부분의 일본인들은 메이지유신 이후 성을 갖게 됐지만, 등자가 들어간 성을 쓰는 집안은 유서 깊은 가문인 경우가 많다. 일본 고대사에 나오는 후지와라藤原 가문, 안중근 의사가 처형한 이토 히로부미伊藤博文, 아베신조의 외할아버지 기시 노부스케의 동생인 사토 에이사쿠佐藤榮作 총리 등등. 일본 동전에 그려진 뵤도인平等院의 주인인 후지와라 가문의 문장은 늘어진 등나무꽃이다.

네 시가 한참 넘은 시각. 출타에서 돌아온 박태후 화백이 반갑게 맞는

온통 노랑색으로 점철된 죽설헌 창포밭을 마주하면 감탄사가 저절로 터진다. 박태후 화백이 창조한 지상 낙원이다.

다. 나이는 나보다 두 살 많은 선배님이다. 생활 한복에 긴 머리를 말꼬리처럼 뒤로 묶은 범상치 않은 외모만큼이나 성격도 꼬장꼬장하다. 혼자서 사십 년 동안 고집스레 한국식 정원을 만들고 가꿔온 것도 쉽사리 타협하지 않는 올곧은 신념의 인간이기 때문일 것이다. 거기에 예술가의 자존심이 더해졌으니 쉽게 곁을 내주지 않을 것 같은 포스가 풍기지만 알고 보면 위트와 유머가 넘치는 따뜻한 성품이다. 가끔 대화가 아슬아슬한 수위를 넘나들어 상대방을 당혹스럽게 할 때가 있지만. 전에 같이 죽설헌을 방문한 아내가 농담인 줄 모르고 당황한 적이 있었다. 박화백이 지금도 "집사람, 참 순진하시데"라고 하는 까닭이다.

박 화백 혼자 지었다는 집은 죽설헌 숲속에 있다. 큰 돈 들이지 않고 쓸모있고 간결하게 지었다. 이층 창가에 놓인 테이블에 앉아 차를 마시면 세상 걱정 없이 평화롭다. 투명한 유리창 너머는 박 화백이 사십 년 넘게 가꿔온 정원이다. 지난 겨울에 왔을 때와는 완전 다른 세상이다. 어릴 적 추억을 상기하는 토끼풀꽃, 무성하게 자란 풀, 넓고 푸른 잎사귀들, 새소리…. 코스를 따라 정원 뒷문 쪽 가장 높은 데까지 갔다가 유턴. 대나무숲 사잇길을 따라 내려가면 온통 노랑색으로 점철된 창포밭이 나무들 사이로 보인다. 범선 돛대 감시탑처럼 연못가에 설치된 관망 포인트에 선다. 어른 키 넘게 자란 파초숲 오른쪽으로 황홀한 광경이 펼쳐진다. 노랑창포꽃천지. "와아아~" 감탄사가 저절로 터진다. 창포꽃밭 사이로 난 오솔길을 따라 걷는다. 오른쪽 직사각형 연못에 버드나무가 그림자를 드리우고 있다. 그 뒤로, 옆으로, 앞으로, 온통 노랑노랑한 창포꽃벌판. 황홀경. 박 화백이 창조한 지상 낙원이다. 옛날 클로드 모네의 정원을 방문했을 때 받은 감동이 자기만의 한국식 정원을 만들고

박태후 화백 혼자 지었다는 집은 죽설헌 숲속에 있다. 큰 돈 들이지 않고 쓸모있고 간결하게 지었다.

말겠다는 각오를 다지게 했단다. 클로드 모네의 일본식 정원은 못 가봤지만 글쎄 죽설헌보다 아름다울까.

연못을 빙 돌아 버드나무들 사이로 난 바늘길을 걸어 끝에 놓인 자그마한 나무 의자에 이른다. 버드나무 아래 꽃들이 듬성듬성하다. 피었다 진 건가? 아직 안 핀 것들인가?

"인자사 꽃대가 올라오네요. 이 짝은 기온이 낮아서 조금 더디게 피는 것 같아요."

박 화백의 설명이다. 누구든 나주를 여행하는 사람이라면 창포꽃이 필 때 죽설헌을 꼭 보라고 권하고 싶다. 그러나 여기는 개인정원이라 아무나 올 수는 없다. 고집스런 화가 부부가 평생을 가꿔온 정원. 서울에서 온 지인들을 데려오면 하나같이 홀딱 반하는 곳. 일반인들에게 공개할 수 있는 형편이 되면 좋으련만 그러기 어려운 사정이 있다. 개인이 가꾼 정원이지만 이미 개인이 감당하기에도, 개인 소유로만 남아있기에도 너무 아까운 지역의 자원이 되었다. 만삼천평 죽설헌을 중심으로 주변의 배밭까지를 포괄하는 대규모 지역을 문화예술을 테마로 한 '아트파크'로 개발해도 좋을 것이다. 박 화백의 전화가 쉴 새 없이 울린다. 방문할 수 없겠느냐는 문의 같다. 무작정 차를 몰고 와서 팻말에 적힌 글을 보고 전화했다가 거절당하고 돌아가는 이들도 있다. 웃음 띤 목소리로 정중하게 거절해야 하는 박 화백의 고생도 이만저만이 아니다. 한때 박 화백과 나주시가 나주의 자원으로 바꾸기 위한 협의를 진행했으나 이런 저런 이유로 중단되고 말았다고 한다. 안타까운 일이다.

'화가의 정원'으로 알려진 죽설헌의 주인장 박태후 화백은 고등학교에서 원예를 공부했고, 집의 조그만 땅뙈기에 틈만 나면 나무를 사다 심었다. 공무원 생활을 하면서 한 뼘 두 뼘 사모으기 시작한 땅에 한국식 정원을 조성하기 시작한 세월이 반세기 가까이 됐다. 배밭을 사서 정원

탱자나무 울, 폐기와로 쌓은 오백 미터가 넘는 나즈막한 울, 그 밑에 심은 옥잠화, 대나무, 소나무… 죽설헌은 인공정원이지만 전혀 인공적으로 느껴지지 않는 한국식 정원을 지향한다.

에 보태니 사람들이 흉을 봤다. "귀한 배밭을 돈 한 푼 안 나오는 징원으로 만든다고? 별 이상한 인간 다 보겠네." 군에서 제대하고 의재 허백련 선생의 조카 허의득 선생한테 그림을 배웠다. 화가면서 정원사로 독자적인 경지에 올랐다. 외래 정원이 범람하는 풍토에서 고집스레 한국식 정원을 추구해왔다. 왕궁의 비원이나 사대부들의 음풍농월을 위한 별서 정원과는 다른 보통 백성들의 정원이랄까. 인공정원이지만 전혀 인공적으로 느껴지지 않는 한국식 정원을 지향하는 정원. 탱자나무 울, 폐기와로 쌓은 오백 미터가 넘는 나즈막한 울, 그 밑에 심은 옥잠화, 대나무, 소나무, 여름이면 무성한 숲을 이루었다가 겨울이면 사라지는 파초 숲, 대여섯 곳에 이르는 연못, 그 주변에 심은 버드나무들, 이리 저리 낸 오솔길, 아무렇게나 자라난 질경이들···. 인공미의 극치인 일본식 정원이나 기하학적으로 치밀하게 조성된 서양식 정원과는 다른 자연스러움과 편안함이 죽설헌의 특징이다.

죽설헌. 알음알음으로 오는 사람들만 즐기기엔 너무 아깝다. 시립미술관 하나 없는 척박한 도시 나주. 8만 명이 깨졌던 인구가 혁신도시 덕에 다시 12만을 향해 가고 있는 대전환기를 맞은 나주에서 화가의 정원이 나주의 공적 자원이 되어 원하는 사람 모두가 자유롭게 즐길 수 있는 그래서 나주 전체가 매력적인 문화예술콘텐츠로 넘쳐나는 날이 하루빨리 오면 좋겠다.

영암에서 나주로, 다시 서울로

어릴 적 나주에서 살았다. 참 가난했다. 요즘 말로 하면 흙수저 출신
이다. 내가 선택한 것이 아니라 가난한 집에서 태어났기 때문이다. 집안
이 원래부터 가난했던 게 아니라 내가 태어나기 전 크게 기울어져 가난
해졌다고 들었다.

영암에서 태어났지만 나주로 이사한 것은 나주에 살던 고모할머니가
아버지 보고 너무 힘들면 나주로 오라고 권했기 때문이었다고 들었다.
영암은 부모님에게 떠나고 싶은 곳이었다. 조부모, 부모, 시동생들까지
열 명쯤 되는 대가족으로 시집와 형언할 수 없는 고생을 하던 어머니에
게는 더욱 그랬으리라. 스무 살 처녀가 스물여섯 총각과 결혼을 했다.
신랑은 결혼식만 마치고 군대로 돌아갔다. 아버지는 한국전쟁 참전 용
사다. 형님이 한 분 계셨지만 비극적으로 돌아가셨다고 들었다. 어머니
는 결혼 후 2년 동안 남편을 기다리며 시댁식구들과 살았다. 전장에서
살아 돌아온 남편과 함께 몰락해가는 집안을 수습하며 견뎠다. 어른들

이 대부분 돌아가시고, 시동생들은 출가해 집을 떠났다. 남은 식구는 중풍으로 반신불수가 된 시아버지, 부부, 자식들이었다.

1960년대 초. 우리 가족은 나주로 이사했다. 아주 어릴 적이었던 지라 내 유년의 추억은 거의 전부 영암이 아니라 나주에 있다. 영암이든 나주든 농사지으며 살아야 하는 건 마찬가지였으나 아버지는 분위기를 바꿔보고 싶었다. 나주읍성 서성문밖 교동에서 살았다. 나주 향교와 신청의 중간 쯤 되는 좁은 골목 가운데가 집이었다. 나주초등학교에 입학하고, 나주중앙초등학교를 졸업하고, 나주중학교에 들어갔다.

한수제, 나주천, 향교, 잠사공장(현 나빌레라센터), 금성산, 나주역, 호비(호남비료공장, 현 LG화학)… 모두 추억이 서린 곳들이다. 여름이면 저수지에서 수영을 하다 엄마한테 불려나왔고 개천에서 미역을 감았다. 등하교 길에 지나는 잠사공장에서 흘러나오는 번데기를 주워 먹으면 그렇게 고소할 수 없었다. 호비 철조망을 뚫고 들어가 목욕탕에서 놀았고 사택에 사는 친구네 집에 놀러 갔다 문화충격을 받기도 했다. 나주초등학교 4학년을 마치고 중앙초로 옮겼다. 학교 앞에는 미나리 광이 있었고 주변은 온통 논이었다.

모두가 가난했던 시절이었지만 우리 집은 특히 가난했다. 짓는 농사라고 해봐야 얼마 되지 않았으니 당연했을 것이다. 사방 이웃집에 전기가 들어왔지만 우리 집만 호롱불이었다. 방 한 칸에서 일곱 식구가 사는 앞집 친구 준상이네도 전깃불이 들어와 환했다.

아버지는 다시 나주를 떠나기로 결심한다. 농사로는 자식들 교육도 변변히 못시키겠다고 생각하셨다. 아버지 혼자 먼저 상경했다. 몇 년을 일해 모은 돈으로 옥수동 달동네에 집을 마련하고 남은 가족을 불러 올렸다. 나는 나주중학교에 다니고 있었다. 그때 만일 아버지가 그런 결심을 하지 않으셨다면, 그대로 나주에서 살았다면, 나는 지금 어떤 사람으로 살고 있을까.

나주역에서 완행열차를 타고 서울로 올라간 날의 기억.

서울역에 내렸다. 얼이 빠질 정도로 화려한 불야성. 택시를 타고 옥수동 산꼭대기로 갔다. 택시에서 내리는데 나보다 아홉 살 어린 막내 여동생 신발이 없었다.

"야, 너 신발 어디 뒀어?"

"…"

생전 처음 타는 택시. 신발을 벗고 탄 것이었다. 서울역 택시 정류장에 가지런히 벗어놓은 아이의 신발. 머릿속에 선명한 이미지로 남아 있다.

내가 어렸을 때 참 가난하게 살았다는 얘길 하면 사람들은 잘 안 믿는다.

"에이, 설마."

서울 부잣집에서 태어나 고생 같은 건 모르고 산 사람 같다는 것이다.

어젯밤, 나를 만나러 온 광주의 지인이 한 말.

"광주 조○○ 문화경제부시장 있잖아요. 사장님, 어릴 때 엄청 가난했다, 상경했을 때 서울역에서 여동생이 신발 벗어놓고 택시 탔다, 그랬더니, 에이, 비유적으로 그런 말을 하신 것이겠지, 그걸 그대로 믿어요? 하고 반문하던데요."

교동에 살 때 거의 매일 서숙밥(조밥)을 먹었다. 우리 또래 중에 서숙밥 먹어본 사람들, 있을 것이다. 차조도 아닌 메조로 지은 밥. 된장국에

밥을 말면 얼마 안 있어 다시 된장국을 부어야 한다. 조가 국물을 흡수해 퉁퉁 불면 뻑뻑해서 먹기 힘들기 때문이다.

방과 후에 다들 선생님 댁에 가서 과외공부를 했다. 나는 그럴 형편이 못됐다. 6학년 담임 선생님(고 정병옥 선생님)이 "일준아, 너는 그냥 와서 친구들이랑 같이 공부해라"라고 하셨다.

월말이 되면 어머니가 소쿠리에 계란이며 호박을 담아 선생님께 갖다 드렸다. 담임선생이 방과 후에 집에서 과외를 하고, 돈을 받는다는 것, 지금은 상상하기 힘든 일이지만 당시엔 아무도 이상하게 생각하지 않았다.

우리 때 나주에서 초등학교를 졸업한 아이들이 광주로 중학교 진학을 하는 것이 금지되었다. 대도시 권역 밖에서 초등학교를 다닌 아이들을 대도시 중학교로 진학할 수 없게 한 제도. 박정희 대통령 아들 박지만을 위해서 그랬다는 소문이 있었다. 광주 진학은 우리가 초등학교를 졸업하던 딱 한 해 동안만 금지되었으니 사실일 수도 있겠다.

덕분에 나주중학교 입시경쟁이 치열했다. 나주 그리고 인근 다른 지역의 공부 좀 한다는 아이들이 모두 나주중학교로 진학했다. 나주중학교 역사상 우리 동기들이 광주의 명문고등학교로 가장 많이 진학했다고 얼마 전 나주중학교를 졸업한 동기생 친구가 말했다. 친구는 영암의 초등학교를 졸업하고 나주중학교에 입학했는데 초등학교 때 반에서 공부를 제일 잘했다고 자랑했다. 어뚝똑한 친구들이 동기생이 되었으니 어차피 광주로 진학할 형편이 못되는 내게는 외려 좋은 일이었다.

앞집에 사는 친구 김준상이랑 붙어살았다. 중풍 후유증으로 반신을 못쓰는 할아버지가 기거하는 방에서 종종 함께 잤다.

고생 고생하다 순천에서 자리를 잡은 준상이를 나주에 내려온 후 자주 볼 수 있게 되었다.

"할아버지 방에서 같이 잘 때, 너는 호롱불 밑에서 책 읽고, 나는 맨날 쿨쿨 잤어야."

나는 기억에 없는데, 준상이는 어제 일처럼 생생하게 말한다.

호롱불을 켜고 살다가 제삿날이 되면 양초를 켰는데 그렇게 환할 수 없었다. 쌀밥도 명절이나 제삿날이 돼야 먹을 수 있었다.

덕수중학교 야간부를 다니고, 양정고등학교를 졸업하고, 고려대학교를 다니고 외대통역대학원에서 한영 통번역을 공부했다. MBC에 근무하면서 바쁜 틈을 쪼개 공부를 계속했다. 출근 전에는 중국어 학원을 다니고 야간에는 언론홍보대학원을 다녔다. 박사까지 될 수 있었던 건 이명박정권의 PD수첩 죽이기와 공영방송 장악 덕(?)이었다. 제작 현장에서 쫓겨나 프로그램을 만들 수 없으니 할 게 공부밖에 더 있겠는가.

덕수중학교 야간부를 다닌 것은 아버지 때문이었다. 학생 수는 넘치고 교실은 부족하던 시절. 주간에 학교를 다니려면 자리가 날 때까지 몇 달을 기다려야 한다는 말에 덜컥 야간부에 나를 집어넣은 것이었다.

1970년대. 전국에서 서울로 올라오던 시대였다. 농사지어서는 살아가기 어렵다고 생각한 사람들이 대부분이었다. 특히 전라도 사람들이 많았다.

야간부에는 반이 달랑 하나였다. 충청도, 전라도, 부산, 경상도에서 아이들이 올라왔다. 어떤 아이들은 낮 동안 학교 뒤 동대문시장 평화시장 가게들에서 일했다. 나는 몇 달 동안 교무실에서 청소를 하고 선생님들 심부름을 해서 학비를 벌기도 했지만 누구처럼 소년노동을 해야 할 처지는 아니었다. 장사를 하는 부모님 덕에 학비 걱정은 하지 않아도 되었다.

달랑 하나인 야간부에서는 치열하게 공부하지 않아도 성적은 좋았다. 졸업식 때 야간부 대표로 교육감상을 받았다. 중3 담임선생이 덕수상고로 진학하라고 나를 설득했다. 초등학교 6학년 때 담임이었던 고 정병옥 선생님 말씀을 떠올렸다.

서울로 떠나기 전, 중앙초등학교로 선생님을 찾아갔다.

"일준아, 집안 형편이 아무리 어려워도 공부는 포기하지 말아라."

문 밖까지 따라 나온 선생님이 내 손을 붙잡고 말씀하셨다. 평생 선생님 말씀을 간직했다. 광주MBC사장으로 부임해 어릴 적 친구들과 함께 찾아뵈었는데, 낙상사고로 급작스레 돌아가셨다. 다시 모시지 못한 것이 못내 아쉽다.

아버지가 덕수중학교 야간부가 아닌 주간부에 날 넣었더라면 그 후 내 경력의 전개가 조금 달라졌을지도 모르겠다.

"아이고, 송 선배, 덕수중학교 선배이신 줄 몰랐네. 반가워요. 진작 알았더라면 더 친하게 지냈을 텐데."

일전에 뜬금없이 MBC 후배인 송요훈 기자(현 아리랑TV 방송본부장)가 전화를 걸어와 말했다. 내 페북 경력을 보고 덕수중학교 선배인 줄 알게 되었단다. 그러면서 덧붙였다.

"선배가 가정이 어려워서 야간부에 가지는 않았을 테고."

유년의 추억

송요훈 기자까지도 나를 그렇게 생각하니 정말 내가 가난한 집 출신처럼 보이지는 않는 모양이다.

나주에 내려온 후 어떤 이가 송PD는 경력도 화려한데다 생긴 것도 도회적이라 쉬이 접근하기 쉽지 않다, 더 캐주얼한 옷차림에 더 토속적인 어투로 말하는 게 좋겠다, 글도 더 서민적으로 투박하게 쓰는 게 좋겠다, 등등 충고를 했다.

촌에서 태어나 자랐고, 아무 거나 잘 먹고, 대충 입고, 남녀노소 학력·직업·나이를 불문하고 누구든 스스럼없이 대화하는 사람인데, 얼마나 더 서민적으로 보여야 하는 건지, 난감하지만 노력하고 있다.

나주초등학교에 입학해 나주중앙초등학교를 졸업했다. 입학 학교와 졸업 학교가 다른 것은 나주초등학교를 4년 다닌 후 나주중앙초등학교로 옮겼기 때문이다. 주소지에 따라 다니는 학교가 재조정되었다.

좁은 골목을 빠져나와 개천가를 따라 나주초등학교로 가는 길. 도중에 잠사공장이 있었다. 도시재생 사업으로 재단생한 현재의 나빌레라센터다. 빨간 벽돌건물 아래쪽에 뚫린 구멍으로 뜨거운 물이 흘러나왔다. 기온이 내려간 날에는 김이 모락모락 났다. 가끔 하얀 누에고치와 번데기가 흘러나왔다. 주워 먹는 번데기가 고소했다.

어머니가 부엌 천장에 걸어놓은 들통을 기억한다. 안에 번데기가 가득 들어 있었다. 비싼 고기는 사다 먹기 힘들었으니, 단백질 보충용이었을 것이다.

나주에 LG화학공장이 있다. 옛날에는 호남비료공장이었다. 줄여서 호비라고 불렀다.

식량증산이 절박했던 1960년대. 박정희정권이 독일 차관을 들여와 지은 거대한 비료공장. 철조망으로 둘러쳐진 공장 안에는 커다란 공중목욕탕이 있었다. 가끔 친구들과 개구멍으로 들어가 목욕탕을 이용했다. 때를 벗기는 것보다 물장구를 치고 노는 게 재밌었다. 관리인은 공장 밖 아이들인 줄 알면서도 눈을 감았다.

공장 안엔 직원들을 위한 사택이 있었다. 사택에 사는 친구의 초대를 받아 놀러 갔던 날 겪었던 문화충격. 나이가 드니 점점 흐려져가지만 오랫동안 생생하게 뇌리에 박혀 있었다.

멋진 단독주택. 공장 밖 집들과는 차원이 달랐다. 실내도 별세계였다. 친구 엄마가 내온 달콤한 과자 맛을 잊을 수 없다.

한참 놀다 갑자기 배가 아팠다. 친구가 가르쳐준 화장실로 들어갔다.

'어라, 그런데 뒷일을 볼 데가 없네?'

친구 이름도 잊었고 정확히 몇 학년 때인지 기억나지 않으나 최고 4학년이었거나 그보다 어렸을 것이다. 우리집 화장실은 큰 구덩이 위에

긴 널판지 두 장이 깔려 있는 곳이었다. 내가 아는 화장실은 그런 데였다.

하얀 의자처럼 생긴 그릇 안에 물이 담겨 있다. 다른 건 없으니 이게 변기인 모양이다. 어떻게 하는 거지? 잠시 고민하다가, 올라간다. 다리를 벌려 가장자리에 두 발을 딛고 쪼그려 앉는다. 미끄러지지 않으려 한 팔을 뒤로 돌려 변기 물통을 잡는다.

좌식 변기가 있는 호텔 화장실 벽에 중국어로 올라가지 마세요라고 적혀 있는 걸 본 적이 있을 것이다. 과거, 한국인들도 마찬가지였다. 좌식변기를 처음 접한 사람들이 어찌 알겠는가. 그냥 해오던 방식대로 하는 것이지.

위태롭고 힘들었던 뒷일보기가 끝났다.

보들보들 눈처럼 하얀 화장지. 아마 그걸로 뒤처리를 했을 것이다.

우리 집에선 비료포대를 자른 종잇조각이 화장지였다. 시골 친척집에 가면 어떤 날은 비료포대 조각이었고 어떤 날은 마른 볏집이었다.

뒷일은 봤는데, 하얀 변기에 오물이 남아 있었다. 어린 생각에도 그대로 나가는 건 아닌 것 같았다. 고민하면서 여기 저기 들여다본다. 물통 뚜껑도 들어본다. 옆에 달린 버튼도 눌러본다.

"콰르르르."

갑자기 천둥소리를 내며 물이 쏟아진다.

'아이고, 큰 일 났다. 망가뜨린 모양이네.'

어떡하면 좋아, 가슴을 졸이고 있는데, 언제 그랬냐는 듯 천둥소리가 멎고 고요해진다. 오물은 더 이상 보이지 않는다. 변기 안에 다시 물이 들어찬다.

아무 일도 없었던 듯 문을 열고 나간다. 겉으론 태연한 척했지만 가슴은 연신 콩닥콩닥 뛰고 있었다. 친구랑 더 놀다 집으로 돌아왔지만, 뛰는 가슴은 한참 동안 진정되지 않았다. 문화충격! 이런 걸 두고 하는 말일 것이다.

생각해보라. 1960년대, 거의 모든 집들이 푸세식 화장실이었던 시대다. 우리집 화장실 널빤지 위에서 뒷일을 보는 곳 옆은 아궁이에 불을 땐 후 남은 재를 갖다 버리는 곳이었다. 잿더미가 산만 했다. 화장실 옆은 거위우리였고 그 옆은 돼지우리였고 그 옆은 닭장이었다.

측간 맞은편엔 장독대가 있었고, 그 옆에 커다란 감나무가 있었고, 마당이 있었다. 머릿속에 남아 있는 집은 엄청나게 넓은 마당이 있었는데, 나주에 내려온 후 가 보니 좁았다. 집은 그 자리에 그대로 있었지만, 여러 차례 주인이 바뀌면서 없던 건물도 생기고 구조도 바뀌어 옛날 모습은 찾아보기 어려웠다.

지금 생각하면 호비 사택에 살던 아이들과 공장 바깥에 살던 아이들, 그 중에서도 가난한 집 아이들은 계급이 달랐다. 그래도 같이 어울리는 데는 아무런 문제가 없었다. 요즘처럼 어느 아파트 몇 평에 사는지 따지고 임대아파트를 차별하는 시대하고는 달랐다. 물질이 풍요로워지면 더 너그러워져야 할 것 같은데, 왜 인간성은 더 각박해지는 것인가.

상경하여 덕수중학교 야간부로 전학한 후. 처음에는 옥수동 산꼭대기에서 동대문운동장 건너편에 있는 학교까지 걸어 다녔다. 장충체육관 언덕을 넘어 가다 골목길 입구에서 깡패들을 만나 센타(요즘도 이런 말을 쓰는지 모르겠다)를 당했다. 모자만 빼앗기고 끝났지만 그 후부터는 버스를 타고 다녔다.

주간에 다니던 학생들이 학교를 파할 시간, 야간부 아이들은 등교했다. 적잖은 아이들이 낮 시간에 노동을 했다. 평화시장 속옷가게에서 일하는 친구도 있었다. 주경야독. 지친 몸으로 졸린 눈을 비비며 공부를 했다.

전국에서 모인 아이들. 어느 지역 출신인가를 갖고 가르는 일 같은 건 없었다. 지금도 절친한 중학교 동기생 친구는 부산 출신이다. 어느 지역이 어떻고 하는 얘기를 들은 건 고등학교에 진학한 후였다. 박정희가 부정선거로 김대중을 꺾고 유신헌법을 만들고 영구집권을 획책하던 무렵이었다.

1973년. 덕수중학교를 졸업하고 양정고등학교로 진학했다. 중학 동기생 두 명이랑 셋이 함께 입학했다. 1학년 때였다.

"일준아, ○○○이 나한테 이상한 말을 하더라. 너는 부산 출신이 왜 전라도 애하고 같이 노냐고. 웃기는 놈이야?" 충격이었다. 평생 잊혀 지지 않았다. 고등학교 1학년 어린 나이에 난생 처음 들어본 말. 이게 도대체 무슨 말이지?

예상을 뛰어넘은
클래식 콘서트의 감동

깜짝 놀랐다. 그리고 감동했다. 나주 영산포 원각사. 2565번째 부처님 오신 날 기념으로 열린 '제6회 붓다콘서트'. 김창헌(첼로), 서현일(피아노), 이준성(바이올린). 내로라 하는 연주자들이 양곡 창고를 개조한 법당 안에서 실력을 발휘했다. 내부는 법당으로 개조했지만 뼈대는 양곡 창고 원형 그대로인 공연장이라 소리가 괜찮을까 염려했지만 기우였다. 툭 트인 넓은 공간과 높은 천장이 훌륭하게 악기 소리를 전달했다. 지근 거리에서 연주자의 몸짓 표정 손놀림을 보며 감상하는 라이브 공연. 마룻바닥에 방석을 깔고 앉아 맨 뒤에 좌정한 부처님과 함께 즐기는 클래식 콘서트라니. 나주문화예술회관에서 본 '2021 나주의 봄과 5.18 클래식 공연'에 이어 수준 높은 클래식 공연을 봤다. 지역의 척박한 문화현실 속에서 아이들을 가르쳐 무대에 올리고, 크고 작은 콘서트를 십오 년 넘게 개최하고, 오늘 밤에는 또 붓다콘서트를 개최한 사단법인 문화공동체 '무지크바움'의 조기홍 대표, 참 대단하다. 클래식 매니아로서 갖

2565번째 부처님 오신날을 기념하여 열린 제6회 붓다콘서트. 내로라 하는 연주자들이 양곡 창고를 개조한 법당 안에서 실력을 발휘했다.

은 어려움을 무릅쓰고 나주에서 십오 년 이상 수많은 콘서트와 음악제를 개최했다. 보통 사람으로서는 엄두도 내기 힘든 일을 옹고집 하나로 추진했다. '엄마야 누나야 강변 살자…'라는 가사로 알려진 노래와 빨치산의 노래로 알려진 가곡 '부용산'의 작곡가 안성현 선생을 기리는 국제음악제를 매년 실행해왔다. '무지크바움' 산하에 유스오케스트라, 챔버오케스트라, 모던앙상블, 세 개의 팀을 운영하고 있다. 붓다콘서트가 끝난 후 조 대표가 말했다.

"어렵지만 이 일을 계속하는 건 문화운동이라고 생각하기 때문입니다. 클래식을 통해서 지역의 문화수준을 한 단계 업그레이드하고 싶어서 포기하지 않고 해오고 있습니다."

장르는 다르지만 불굴의 의지와 신념, 옹고집으로 자기 세계를 확고하게 구축한 사람이라는 점에서 죽설헌 주인장 박태후 화백과 닮았다. 두 사람은 절친한 친구사이다. 두 분 다 개인 영역을 넘어 지역의 관광자원으로 활용할 수 있는 자산을 보유하고 있다.

조 대표는 3만 5천장에 이르는 LP판과 여러 나라 오디오 기기를 많이 갖고 있다. 창고 신세를 지고 있다는 이들 자원을 활용하여 뮤지엄이나 음악센터 같은 걸 만들면 나주에 또 다른 관광명소가 탄생할 것이다. 나주 금성관 앞에서 '예가체프'라는 카페를 운영하고 있다. 카페 2층에서 바라보는 금성관의 뷰, 특히 야경이 일품이다.

명하쪽빛마을
가보셨나요

명하마을. 나주시 문평면 북동리에 있는 명동마을과 하의마을의 머릿글자를 딴 이름이다. 쪽염색으로 유명한 곳이라 쪽빛을 넣어 '명하쪽빛마을'이라고도 한다. 아침 하늘이 약간 흐렸지만 일기예보는 하늘이 맑아질 것이고 기온도 20도 이상 오를 것이라고 한다. 이렇게 좋은 날씨에는 당연히 오토바이다. 지하주차장에 세워둔 비머를 타고 혁신도시를 빠져나와 목포 무안 쪽으로 달린다. 도로는 뻥 뚫려 시원하고 파노라마처럼 펼쳐지는 풍경은 황홀하다. 문평 명하쪽빛마을에 가까워지자 노란 들판이 나타난다. 보리밭이다. 황금빛까진 아니어도 노랑노랑한 물결에 가슴이 출렁인다. 들판 가운데로 난 농로로 핸들을 꺾어 보리밭 가운데 오토바이를 세워놓고 사진을 찍고 싶다. 돌아올 때 찍지 뭐. 그냥 지나친다. 멈췄어야 했다. 명하쪽빛마을에서 혁신도시로 돌아올 때 그 보리밭을 보면서도 지나쳐야 했다. 다음 약속 시간에 쫓겼기 때문이다. 라이딩의 기본 원칙을 어겨 놓고 뒤늦은 후회를 했다. 달리다가 사진을 찍

명하마을 입구. 세로로 길고 가로로 좁게 세워진 표지판에는 '명하마을생활사박물관'이라고 적혀 있다.

고 싶은 풍경을 만나면 지체없이 멈춰라. 나중은 없다. 전봇대들이 열을 지어 서 있고 길게 전선이 늘어진 노오란 보리밭의 노스탤직한 풍경. 그 사이로 난 길에 외로운 오토바이 한 대. 멋진 사진을 놓쳤다.

명하마을로 가는 왕복 2차선 도로는 승용차보다 트럭들이 많았다. 커다란 덩치도 그렇지만 라이더를 놀라게 하는 건 굉음에 가까운 엔진소리다. 조심조심 달려 명하쪽빛마을 입구까지 왔다. 세 개의 표지가 보인다. 높이 달린 밤색 표지판에는 '염색장 윤병운', 도로변 마을입구에 서 있는 돌비석에는 '북동리 2구 명하마을', 세로로 길고 가로로 좁게 세워진 표지판에는 '명하마을생활사박물관'이라고 적혀 있다. 오토바이를 세워 셀카를 찍고 최경자 선생한테 전화한다.

"혹시 지금 찾아가도 될까요? 오후엔 일이 있어 오전에 왔는데요."

"괜찮습니다. 어서 오셔요. 마을 안으로 쭈욱 들어오다 보면 큰 기와

집이 있어요."

큰 창고를 지나자 커다란 기와집 두 채. 너른 잔디마당에서 잔디를 깎고 있는 사람이 있다. 집 앞 공터에 오토바이를 세운다.

"어서 오셔요. 저쪽은 제 남편이에요."

잔디를 깎고 있는 사람을 큰 소리로 불러 소개한다. 최 선생의 남편 윤대중 씨다. 농사가 주업이지만 5대째 쪽염색을 하고 있다. 선친이 2010년에 돌아가신 국가무형문화재 115호 염색장 기능보유자인 故윤병운 선생이다. 최경자 선생은 전남 관광재단 센터장, 관광두레PD, 쪽염색을 가르치는 선생님 등 여러 타이틀을 갖고 있다. 최 선생을 처음 본 순간 자기 주관이 뚜렷하고, 의사표현을 확실히 하고, 추진력이 있고, 한 번 꽂히면 끝까지 밀어붙이는 성격이라는 느낌을 받았다. 딱 내가 좋아하는 타입이다. 말만 번드르르하고 일은 안하고 빼둥거리는 이들보다 뭐든 아이디어를 내서 일을 하려는 사람을 나는 좋아한다.

최 선생이 염색장 교육전수관으로 안내한다. 벽 높이 빙 돌아가며 쪽염색 과정을 찍은 사진들이 걸려 있다. 시아버지인 윤병운 선생의 생전 모습이다. 윤병운 선생은 단절된 전통 쪽염색을 되살려 명맥을 잇게 한 분이다. 아주 어릴 적부터 아버지로부터 염색일을 배웠다. 19세기 화학 염료의 등장으로 급속히 쇠퇴하고, 한국전쟁 등으로 맥이 끊긴 전통 쪽염색을 재현해낼 수 있었던 것은 어릴 적 익힌 것을 온몸으로 기억하고 있었기 때문이다. 쪽염색 과정은 복잡하고 손이 많이 간다. 재료는 염료를 얻는 쪽, 석회를 얻는 굴껍질, 잿물을 얻는 콩대 등이다. 예로부터 나주가 쪽으로 유명해진 데는 이유가 있다. 큰 강들 중 영산강은 유독 범람이 잦아 홍수가 나면 애써 키운 곡식을 수확할 수 없었다. 그런데 쪽은 물에 강해 홍수가 나도 끄떡 없었다. 벼나 보리 같은 곡물을 대체하는 환금성 작물인 것이다. 전수관 댓돌에 앉아 최 선생의 애기를 듣는다. 나주읍에서 자라고 학교를 다녔던 개인의 활동사. 동네사람들과 함께 사회적 기업을 만들어 명하마을을 체험휴양마을로 만들고, 전국에서 유이하게 홍천 열목어마을과 함께 조달청에 치유마을로 등록하고, 쪽염색 관광체험 프로그램을 운영하고, 나주와 전남에서 다양한 사회활동을 하고 등등.

"첨엔 그냥 주부로 농사 짓고 애 키우고 살았어요. 근데 무지랭이로 알고 무시하더라고요. 나주에서 사회적 기업 분야의 대모가 한 번 돼보자고 결심했어요. 지난 십여 년간 어려움도 많았지만 여러 가지 일을 열심히 했어요."

흥미로운 애기가 끝이 없다. 젊은 아가씨가 차를 내온다. 둘째 딸이

염색장 교육전수관 안에는 벽 높이 빙 돌아가며 쪽염색 과정을 찍은 사진들이 걸려 있다. 시아버지인 윤병운 선생의 생전 모습이다.

다. 대학에서 지역개발학을 공부한다. 나중에 인사를 나눈 첫째 딸은 아버지의 쪽염색 일을 이어받을 후계자다. 전통 공예 장인들의 자식들은 대체로 힘들어서 이어받지 않으려 한다는데 대견하다.

한 시간 반 남짓한 명하쪽빛마을 방문, 최경자 선생과의 알찬 대화. 오토바이를 타고 귀환하는 길이 즐거웠다. 몰라서 그렇지 지역은 재밌다. 서울에서 상투적으로 제2의 인생을 사느니 어디든 지역으로 갈 일이다. 베이비부머들. 평생 익힌 식견과 경험을 아직 팔팔한 동안 지역을 위해 쓰면 자신도 좋고 지역도 좋을 것이다.

빛가람동
호수공원을 거닐며

밤. 빛가람동 호수공원을 산책했다. 느긋하게 여유를 갖고 걸어본 것은 오랜만이다. 살갗에 닿는 바람이 시원하다. 낮에는 땀이 날 정도로 덥더니. 수변무대 옆 '스마트미디어스테이션'. 사방 투명한 유리창으로 지은 2층 건물이다. 2층에는 아이들 그림, 1층에는 어른들 그림이 전시 중이다. 프로의 솜씨가 아닌 것이 외려 정겹다. 그런데 뭐가 스마트미디어스테이션이지? 안쪽 벽에 붙은 설명문을 봐도 잘 알 수 없다. '혁신도시의 조기활성화 및 삶의 질 향상을 위하여 일자리 활성화 프로그램과 시민참여형 문화미디어 콘텐츠 도입…' 어렵다. 이름대로라면 언제 봐도 첨단 스마트미디어를 체험할 수 있는 스테이션이어야 하는 거 아닌가 하는 생각이 든다. 그동안 어떤 행사들을 해왔는지 알 수 없어 한 번 보고 섣부르게 판단하는 것일 수도 있겠다.

호수 안쪽으로 들어가는 나무다리와 배멧산 정상의 전망대가 조명을 받아 화려하다. 전망대는 먼 별나라에서 날아와 착륙한 우주선 같다. 애

수변무대 옆 스마트미디어스테이션. 사방 투명한 유리창으로 지은 2층 건물이다. 2층에는 아이들 그림, 1층에는 어른들 그림이 전시 중이다.

초에 높은 타워로 설계했으나 돈이 없어 바뀌었다는 얘기를 들었으나 확인할 길은 없다. 우주선을 타고 온 외계인들은 어디로 갔을까. 가만. 어느 날 벌판에 우뚝 솟아난 혁신도시가 우주선이고, 전국에서 옮겨와 살게 된 빛가람동 주민들이 외계인인가. 비유야 그렇게 할 수 있다 쳐도 혁신도시에 유입된 도시권 인구와 나주의 원주민들이 지구인과 외계인 같은 관계여서는 곤란한 일이다. 신도시와 천년고도를 양 날개 삼아 웅비하는 새로운 도시, 그것이 애당초 노무현 대통령이 혁신도시를 추진한 의도였을텐데.

경기도 일산 같지만 그보다 훨씬 작은 신도시의 호수공원. 참 좋은 공원인데 아쉬운 점이 많다. 좀 더 무성한 숲이 있고, 좀 더 즐거운 콘텐츠가 있으면 더 좋을 것이다. '해충기피제 자동분사기'. 해충기피제? 아, 해충 쫓는 것이구나. 설명문에 적힌 대로 버튼을 누르고 분사기 손잡이

호수 안쪽으로 들어가는 나무다리와 배멧산 정상의 전망대가 조명을 받아 화려하다. 전망대는 먼 별나라에서
날아와 착륙한 우주선 같다.

를 당긴다. 반응이 없다. 다시 한 번. 역시 분사되는 게 없다. 음. 아직 해
충 위험 시즌이 아닌가. 본격적인 여름이 되어야 작동하는 건가. 휘영청
밝은 달이 하늘 높이 떠있다. 보름달을 향해 가는 달이다. 땅엔 휘황한
조명, 하늘엔 밝은 달. 그림은 참 좋다.

영산포 택촌
포레스트랩

나주 원도심을 지나 옛날 국도 1호선이었던 예향로를 타고 달리면 시청 네거리가 나온다. 네거리 코너에 있는 완사천을 오른쪽에 두고 그대로 직진하면 '웰컴비즈니스 호텔'이 보이고 바로 다음에 '트럼프무인텔'이 보인다. 서울 여의도에 있는 '트럼프타워'는 트럼프한테 로열티를 주고 그 이름을 쓴다고 하던데 이곳 '트럼프무인텔'도 그럴까? 예향로에서 오른쪽 왕복 1차선 도로로 핸들을 꺾어 진입하면 구진포로다. 구진포로를 타고 가면 영산포 삼영동에 이르고, 철도공원을 왼쪽에 두고 계속 달리면 오른쪽에 민가를 카페로 리모델링한 '1989삼영동커피집'이 있다. 커피집을 지나 멀지 않은 곳 오른쪽, 도로에서 조금 떨어진 곳에 커다란 온실 몇 동이 보인다. 온실로 들어가는 입구 위에 '포레스트랩 Forest Lab'이라고 써있다. 직역하면 '숲 실험실'. 안으로 들어서자 잘 조성된 작은 휴양림 안 같은 분위기다. 파초, 나무, 작은 화단, 꽃, 작은 인공 연못과 물레방아, 군데군데 텐트들, 그리고 커피와 음식을 파는 숍. 온실 안을 구경하고 뒷문으로 나간다. 뒷쪽 건물은 온통 핑크색이다. 달아낸 처마 밑에 남자 둘이 앉아 있다. 한 명이 '포레스트랩'의 심준용 대표다. 서울에서 잘 나가는 연구소를 운영하던 사람이 아무런 연고도 없는 나주로 왜 내려왔고, 어떤 관광객도 찾을 일이 없는 영산포 외곽의 버려진 온실을 리모델링해서 활용할 생각을 어떻게 하게 된 것인지 자세히 듣고 싶었다. 그 전에 온실 뒷집의 벽, 처마의 천장, 수영장까지, 주변을 온통 핑크색으로 칠한 까닭이 궁금했다.

"젊은 사람들이 좋아하는 색이잖아요."

대답이 단순명쾌하다. 광주MBC에서 홍어 다큐시리즈 핑크피쉬를 방송하고, 핑크색 캐릭터 굿즈 여러 가지를 개발하고, 제주도에서 산 블루투스 키보드가 핑크색일 정도로 핑크에 대한 거부감이 없는 나조차도

심준용 대표가 영산포 외곽에 몇 년째 버려져 있던 온실을 리모델링해 연 카페 포레스트랩.

포레스트랩 온실 안을 구경하고 뒷문으로 나간다. 온실 뒷집의 벽, 처마의 천장, 수영장까지 주변이 온통 핑크색이다.

부담스럽게 느껴질 정도의 핑크빛 천지. 임팩트가 대단하다. 사진을 찍으면 더 할텐데 그걸 겨냥한 것일 터.

심 대표는 올해 마흔넷. 아내와 딸 둘이 있다. 박사학위를 딴 전공분야는 문화유산이다. 서울에서 연구소를 운영하며 잘 나가는데 아무런 연고도 없는 나주로 내려온 이유란

"지역에 대한 동경이 있었어요. 서울 생활에 지쳤거든요."

의욕도 에너지도 다 타서 없어진 상태, 번아웃일 때 나주 혁신도시에서 일하는 친구가 '전라남도의 지원사업에 응모해보라'고 권했다. 지역에서 청년들을 고용해 지역을 위한 일을 하면 일정한 지원금을 주고 사무실을 제공해주는 프로젝트에 응모해서 선정됐다. 문화유산을 콘텐츠

화해서 지역을 활성화하는 일이 전문분야라서 아이디어는 얼마든지 있었다.

"나주에 처음 와봤는데 너무 좋았어요. 제 전공이 문화유산 역사유산 활용해서 지역을 살리는 건데, 나주는 정말 자원이 풍부한 곳이어요. 게다가 서울에서 얼마나 가까워요. 기차로 두 시간이면 되는데. 아예 연구소를 나주로 옮기기로 결정했어요. 별 고민 없었어요. 아내도 저를 믿으니까 순순히 그러라고 했고요."

연구소를 혁신도시로 옮겼다. 석박사급만 열 명, 계약직까지 합하면 오륙십 명에 이르는 작지 않은 규모다. 지자체들과 계약해 도시재생, 지역활성화 방안을 제시하는 일을 주업으로 한다.

2020년 11월. 혁신도시에 있는 연구소와 별도로 버려진 온실을 빌려 카페를 열었다. 몇 년째 버려져 있던 온실은 전에 식당이었는데, 뒤편에도 건물이 있고 수영장까지 있는 시설로 작은 유원지라고 할만 했다. 석 달에 걸쳐 뒷편 건물과 수영장을 보수하고 핑크빛으로 칠했다. 앞쪽 온실은 카페로 개조했다. 원래 있던 나무들을 조금 베어냈을 뿐 거의 그대로 놔두고 이런 저런 조경을 했다. 작은 숲속 놀이터 같은 분위기의 근사한 카페가 탄생했다. 포레스트랩. 숲속 실험실이라 이름지은 이유가 궁금했다.

"일종의 실험실입니다. 연구는 연구소에서 하고 여기서 여러 아이디어들을 실험해보는."

파스타, 피자 같은 음식들과 커피 차 주스 등 음료수를 파는 카페면서 동시에 심준용 대표의 실험실인 포레스트랩. 전남도의 지원을 받아 적지 않은 수의 청년들을 고용하고 있다.

"정규직 비정규직 합해서 오륙십 명에 이르는 조직을 끌고 나간다는 게 쉽지 않을 텐데 그 돈을 다 어떻게 마련해요?"

"한 달에 오륙천만원 들어가는데 포레스트랩을 운영해서는 턱도 없어요. 지자체 등의 용역을 맡아 보고서를 만들고 제안하는 일로 벌죠. 포레스트랩은 여기서 일하는 사람들 인건비 정도 벌면 잘하는 거고요, 아니면 계속 꼴아 박는 겁니다. 코로나 땜에 더 어려워요. 저처럼 다른 일로 돈을 벌지 않는다면 누구도 이것만 운영해갖고는 답이 안 나와요. 더구나 나주 여기저기에 카페들이 많이 생기고 있잖아요. 좋은 일이지만 경쟁에서 살아남기도 쉽지 않습니다."

포레스트랩의 면적은 뒷편 건물, 수영장, 빈 터까지 포함해 천칠백 평이 조금 넘는다. 임차료는 보증금 삼천에 월세 백이다.

"저처럼 하는 사람 아니고는 누구도 여길 운영해서 먹고 살기 쉽지 않을 겁니다. 전에 누군가가 '서울에서 내려왔다고 별 거 있을라고, 몇 달 못가 두 손 들거다'라고 말했다는데 요즘엔 그런 소리 안 한다네요. 그러면 된 거죠."

외부에서 나주로 와 정착한 사람들을 두 팔 벌려 환영하고 응원하고 격려하는 못할망정 환자위로 보는 이들이 더러 있다. 포레스트랩에서 일하는 젊은이만 열명 가까이 되고 계약직으로 채용한 청년들은 삼십명에 이른다. 정부의 지원금을 받지만 지역 청년들에게 일자리를 제공하고 있는데도 말이다. 서울에서 나주혁신도시로 내려온 사람들이 누가 있는지 물었다.

"VR게임회사를 운영하는 정혜원 씨, 3D스캔을 전문으로 하는 정성혁 교수 등 제가 아는 분들이어요. 디지털 환경 덕에 어디 있어도 큰 지장

카페 포레스트랩. 안으로 들어서면 잘 조성된 작은 휴양림에 들어온 것 같은 분위기다.

이 없지만, 굳이 나주로 내려온 건 뭔가 미래가 있을 것 같아서 아니겠어요. 그런데, 막상 와서 보면 녹록치 않다고들 해요."

나주에 여러 공기업들이 있고, 미래 전망이 있을 듯해서 내려왔는데 사람들도 자치단체도 크게 도와주려는 것 같지 않단다. 혁신도시에 살며 가급적이면 지역 일에 깊숙히 관여하려 하지 않는다고 했다. 얽히면 상처를 입고 싶어져서 떠나고 싶어질 지도 몰라서다.

문화유산을 활용한 지역활성화 전문가 심준용 대표/건국대 겸임교수. 전국에서 연구용역을 수주한다. 중앙정부 일도 많이 한다. 나주에 있다고 불리한 점은 별로 없다. 나주에 본사, 서울에 출장소를 두고 있다. 나주 입장에서 보면 너무도 고마운 사람이다. 칙사 대접은 못할망정 섭섭한 생각이 들게 해서는 안 될 말이다. 그이와의 짧은 대화가 많은 걸 생

각하게 했다. 브런치카페 포레스트랩이 있는 영산포 택촌. 삼십여 세대
가 사는데 빈 집이 태반이다. 나이 드신 분들이 세상을 떠나면 아무도
살지 않는 유령마을이 될 것이다. 빈집으로 놔두더라도 팔지도 않고 빌
려주지도 않는단다. 젊은이들이 들어와 국수집을 열고 카페를 운영하고
작은 갤러리를 운영하면 좋을 테고, 희망자들도 있다는데….

혁신도시에는
카페 '릴케의 정원'이 있다

페친 문성길 씨. 직접 만난 적이 없는 사이버 친구다. 내 책 〈송일준 PD 제주도 한 달 살기〉를 샀다고 댓글로 적었다. 페북 프로필을 보니 혁신도시에서 카페 '릴케의 정원'을 운영한다. 지도에서 확인하니 내가 있는 곳에서 가깝다. 시간 날 때 직접 가서 싸인 해드리겠다고 답했다.

혁신도시 외곽. 공터가 많은 동네에 작은 건물이 있고 1층 코너에 '릴케의 정원'이 있었다. 뒤쪽엔 '탑건공인중개사' 간판이 붙은 사무실이 있다. 릴케의 정원 안으로 들어가니 왼편 커다란 화분들 뒤 테이블에 여성들이 앉아 있다. 대화가 다정하다. 카페 안 분위기는 동화 속 나라 같다. 동화의 삽화 같은 그림들도 많다. 오른쪽의 왼쪽에 주방이 있고 오른쪽의 오른쪽에 칸막이 격리공간이 있다. 한 여성이 책을 읽고 있다. 내 책이 눈에 띈다.

"혹시 문성길 씨 계신가요?"

고개를 든 여자가 찬찬히 살핀다. 나를 알아본 듯하다.

페친 문성길 씨의 카페 '릴케의 정원'. 카페 인테리어는 아내 이선미 씨의 취향대로 만들었다.

"송일준이라고 합니다. 제 책을 사셨다고 해서 싸인 해드리려고…."

"아, 네. 다른 데 있는데, 금방 올 거예요."

잠시 후 등장한 문성길 씨. 키가 크고 탄탄한 몸에 준수한 용모다. 해남 출신이고 부인 이선미 씨는 나주 금천 출신이다. 광주에 오래 살다 몇 년 전 나주 혁신도시로 왔다. 아내의 고향으로 남편이 따라 내려온 셈이다.

"왜 남편 고향인 해남으로 가시지 않고요?"

"거긴 너무 시골이잖아요. 나주는 농촌이면서 도시고, 광주도 가깝고요."

부부는 대학 동기생으로 캠퍼스 커플이다. 북카페를 하는 게 꿈이었던 이선미 씨는 광주의 모 제약회사에서 근무하다 그만 두고 남편과 함께 북카페를 열었다. 카페 이름은 '릴케의 정원'이라고 정했다. 시인 릴케를 좋아해서였다. 카페의 인테리어는 이선미 씨의 취향대로 꾸몄다. 군데군데 놓인 동화의 삽화 같은 그림들도 이선미 씨가 직접 그렸다. 미술을 전공한 것도 아닌데 그림 솜씨가 보통이 아니다. 아들 딸 둘을 두었다. 장성한 딸은 기간제 교사로 일하고 있는데 정규직 취업을 준비하고 있다. 아들은 공익요원으로 병역의무를 수행하고 있다.

"이 동네도 다 들어차야 하는데 문젭니다."

문성길 씨가 말한다. 혁신도시 외곽만이 아니라 도심 쪽 상가들도 텅텅 비어있다. 빈 상가들이 많은 건 클러스터 부지 분양이 잘 안되자 상가비율을 대폭 올려준 탓이라는 말을 들었다. 혁신도시의 큰 숙제다. 그는 공인중개사 자격도 있다. '탑건공인중개사' 사무실의 주인이다.

"실제로 공인중개사 일은 거의 안 합니다. 사무실도 이렇게 모임 하는 곳으로 꾸몄어요."

'릴케의 정원'과 붙어 있는 사무실로 안내한다. 공인중개사 사무실이 '릴케의 정원' 별실인 셈이다. 분위기도 비슷하다. 벽에 익숙한 얼굴 스케치가 걸려 있다.

"김수영 시인 아닌가요?"

"맞습니다."

부부가 국문과를 졸업했다더니, 그래서 시인을 좋아하고 책을 좋아하는 모양이구나.

페북을 통해 맺은 인연을 오프라인에서 더러 만난다. 전에 오토바이 타고 통영에 갔을 때는 자개일을 하는 페친을 만났다. 사이버에서 맺은

인연이 현실의 인연으로 이어진다. 즐거운 일이다. '릴케의 정원'에서 내 책을 갖다 놓고 팔기로 했다. 기회가 되면 싸인회도 할 수 있고 독자들과 북토크도 할 수 있을 것이다. 기대된다.

빨간 벽돌로 된
'1989삼영동커피집'

　　나주 원도심 쪽에서 예향로를 따라 달리다 구진포로로 들어서면 얼마 안 가 롯데마트를 만난다. 오른쪽으로 길게 휘어지는 길을 계속 달리면 왼쪽에 나주철도공원, 이어서 국립나주문화재연구소가 나온다. 조금 더 달리면 오른쪽에, 기둥 높이 매달린 '1989삼영동커피집'이라고 쓰인 네모난 간판이 보인다. 카페는 그 뒤, 도로보다 한 단 높은 대지에 별로 두드러지지 않는 키로 들어앉아 있

다. 눈에 쉬이 띄지 않는 건 단층이기 때문이다. 빨간 벽돌집을 리모델링했다. 삼십여 년 전 영산강에 홍수가 나서 삼영동 일대가 침수됐다. 물이 빠진 후 복구가 시작되자 주민들은 슬레이트집과 초가집을 헐고, 정부의 재난지원

1989삼영동커피집은 단층의 빨간 벽돌집을 리모델링했다.

금에 있는 돈 없는 돈을 보태 새 집을 지었다. 당시 트렌드는 빨간 벽돌
집이었다.

　1989년 빨간 벽돌집이 지어진 해. 다시에서 버스를 타고 나주고등학
교로 통학하던 소녀가 있었다. 소녀는 오며 가며 보는 그 빨간 벽돌집
이 부러웠다. 어른이 돼서 돈을 벌면 부모님께 빨간 벽돌집을 지어 드려
야지. 소녀가 살던 다시의 집은 슬레이트 지붕이었다. 소녀의 꿈은 예쁜
카페의 오너 바리스타였다. 인테리어 디자이너도 되고 싶었고 광고 카
피라이터도 되고 싶었다.

　'1989삼영동커피집' 앞 도로변에 오토바이를 세우고 몇 걸음 계단
을 오른다. 바깥엔 나무 데크가 깔려 있고 가운데 파라솔이 세워진 테이
블이 놓여 있다. 큰 나무 그늘 품에 안긴 테이블은 쨍쨍 내리쬐는 한낮

의 햇살에도 충분히 시원할 것 같다. 카페의 인테리어는 넘치지도 모자라지도 않게 적당하다. 심플 소박하지만 센스가 있다. 벽에는 나주의 관광 명소들을 소개한 액자들, 삼영동커피집의 유래가 적힌 글을 담은 액자들이 걸려 있다. 여기 저기 놓인 개와 고양이 인형들이 귀엽다. 주방 안에서 혼자 일하는 여성. 오너바리스타 김지니 씨다. 삼십여 년 전, 빨간 벽돌집을 지나칠 때마다 저런 집에서 살고 싶다 생각했고, 어른이 되면 빨간 벽돌집을 지어 부모님께 드려야지, 하고 생각했던 그 여고생이다. 그녀의 아버지는 지역에서 유명한 한국화가 야헌 김부장 선생이다. 의재 허백련 선생의 막내 문하생인 희재 문장호 선생에게 사사했다. 다시에서 서라벌사진관을 운영하다가 그림에 전념하기 위해 문을 닫았다. 사진관 할 때 벌어둔 돈으로 그럭저럭 살았지만 넉넉하지 않았고 어머니가 농사를 지어 보충했다. 4녀 2남 중 김 대표는 넷째 딸이다. 밑으로 남동생 둘이 있다.

"제 성격이 남자 같은 것도 다 이유가 있어요. 제 아래로 연속 아들이 태어났어요. 고3 때는 학원에서 그래픽디자인을 공부했고, 재수를 하다가 취직을 했어요. LG전자에서 일했는데, 대학을 가고 싶어 그만둔 후에 실내건축을 전공했습니다."

말하는 품새가 시원시원하다. 대학 졸업 후 광주 충장로에 옷을 파는 매장을 열었다. IMF 때였는데도 장사가 잘 됐다. 쇼핑몰이 히트하던 시기였다. 서울로 진출해 동대문, 남대문, 이대, 종로에서 점포를 운영했다. 중국 베이징까지 진출했다. 천안문에서 가까운 일환一環 지역에 낸 가게는 장사가 잘됐지만 부득이한 사정이 생겨 문을 닫았다.

1999년에는 제주도로 건너갔다. 서귀포 시내 서귀동에 카페를 열었지만 몇 달 못가 접었다. 현지인들과 어울릴 수 없었다. 너무 배타적이었다. 현재 제주도에서 스킨스쿠버숍을 운영하는 친구의 말에 따르면 요즘엔 완전히 달라졌단다. 이십여 년 세월을 지나며 제주 사람들도 많이 달라진 모양이다.

"요즘 나주를 보면 그때의 제주도 같아요. 외부에서 온 사람들이 하나같이 그런 말을 해요. 혁신도시가 들어선 지 오래 지났는데도요. 바뀌어야지요. 안 그러면 희망이 없어요. 제주도도 과거엔 그랬지만 많이 바뀌었잖아요."

혼자서 여기 저기 참 많은 데를 돌아다니며 장사를 했다. 2016년 타향살이를 정리하고 고향인 나주로 내려왔다. 영화 '써니', 드라마 '응답하라 1988'을 보고 자극을 받았다. 생각만 해도 늘 포근한 고향의 품이 그리웠다. 통학버스를 타고 지나갈 때마다 예쁘다고 생각했던 빨간 벽돌집

1989삼영동커피집의 인테리어는 넘치지도 모자라지도 않게 적당하다. 벽에는 나주의 관광 명소들을 소개한 액자들, 삼영동커피집의 유래가 적힌 글을 담은 액자들이 걸려 있다.

이 생각났다. 적지 않은 돈을 주고 구입해서 리모델링을 해 카페로 바꿨다. 스스로 전문가라서 외부 전문가를 쓸 이유가 없었다. 72평의 대지에 아담하고 예쁜 카페가 탄생했다.

"1989란 숫자는 왜 붙였어요?"

"내게 의미 있는 해여서요. 그 해 고등학교 3학년이었어요. 통학버스를 타고 이 앞을 지나갈 때마다 수해로 침수된 집을 헐고 짓고 있는 빨간 벽돌집을 봤어요. 나중에 돈을 벌면 저런 집을 지어 부모님께 드리고 싶다, 카페를 하고 싶다, 생각했었거든요."

'1989삼영동커피집'이 있는 동네 이름은 삼영동, 구체적으로는 삼영동 냉골이다.

"냉골이요? 차가운 골짜기란 뜻인가? 콜드 밸리?"

"아니요. 냉골 또는 내영산이라고 하는데, 조선시대 공도정치로 영산도에 주민이 이주해 살던 데서 유래된 지명이래요.

'1989삼영동커피집'은 동네 주민들의 사랑방이다. 자질구레한 민원도 많다. '어디 낼 서류 작성해달라', '핸드폰 쓰는 법 가르쳐 달라', '은행일 좀 대신 봐 달라' 등등. 김 대표는 얼굴 한번 찡그리지 않고 모든 일을 도와드린다. 동네에 젊은 사람들이 거의 없다. 초중고 아이들을 둔 집이 딱 한 집 있다.

"커피는 학원에서 돈 내고 배우셨나요?"

"아니요. 원두는 로스팅을 잘하는 아는 동생한테 사오고요. 나머지는 다 독학으로 익혔어요. 뭐든 부딪히며 경험하면서 배우는 스타일이라서

1989삼영동커피집 창에서 내다본 풍경. 바깥엔 나무 데크가 깔려 있고 가운데 파라솔이 세워진 테이블이 놓여 있다. 큰 나무 그늘 품에 안긴 테이블은 쨍쨍 내리쬐는 한낮의 햇살에도 충분히 시원할 것 같다.

요. 요샌 인터넷에 별의별 게 다 있으니까 정말 좋아요. 레시피는 이리 해보고 저리 해보고 하면서 개발해요."

독학으로 배우고 만들어낸 레시피라고 믿어지지 않을 만큼 모두 맛있다. 김지니라는 이름 그대로 천재genie 다. 그런대로 괜찮았는데 코로나 때문에 손님이 많이 줄었다. 원도심의 카페나 식당들은 관공서 사람들이 소비해줘야 되는데 코로나로 모임을 가질 수 없으니 타격이 크다. 도농복합도시라는 나주의 특징도 한몫 한다. 농사 짓는 분들이 많다보니 농번기에는 카페에 나올 시간이 없다. 코로나에 농번기까지 겹친 요즘 같은 철이 제일 힘들다.

"많은 데를 돌아다니며 바쁘게 일하고 살았지만 역시 고향이 좋아요. 작은 인터넷 쇼핑몰도 더불어 운영하고 있어요."

찻집은 동네 특성을 감안해 오전 11시에 열고 오후 5시면 문을 닫는다. 찾는 손님이 많지 않으니 오래 문을 열어놓으면 전기세 나가지, 알바비 나가지, 손해가 많다. 반면에 모처럼 나주 구경하러 외지에서 온 사람들에게는 제일 곤란한 게 아침 일찍 문 여는 카페가 드물고 밤늦게까지 영업하는 카페나 식당 찾기가 힘들다는 점이다. 관광객이 안 오니 문을 열 수가 없고, 문을 안 여니 관광객이 안 오고… 이런 걸 악순환이라고 할게다. 어떻게 해결할 것인가. 지역을 관광지로 만들고 싶다면 바로 이 지점에 지자체가 할 일이 있지 않을까.

발병, 인생행로가 바뀌다

내 친구에게 "전라도 출신 송일준이랑 놀지 마라"고 했다는 친구는 경상도 남쪽 어디 출신이었다. 고1인 친구가 뭘 알아서 그런 말을 했겠는가. 집에서 혹은 친척들에게서 그런 말을 들었을 것이다. 그때나 지금이나 청소년 문제는 어른들 문제다.

1969년. 박정희는 헌법에 규정된 대통령 중임 규정을 세 번 연임이 가능하게 고쳤다. 개헌안은 여당의원들끼리 별도 장소에 모여 날치기로 통과시켰다.

1971년 제7대 대통령선거. 박정희와 김대중이 맞붙었다. 박정희는 한 번만 더 뽑아주면 더는 안 하겠다고 했고, 김대중은 박정희가 당선되면 총통이 되어 영구집권을 획책할 것이라고 했다. 젊은 김대중의 기세가 대단했다.

위기를 느낀 군사독재세력. 국회의장 이효상이 앞장서서 지역감정을 선동했다.

"박 후보는 신라 임금의 자랑스러운 후손… 대통령으로 뽑아 이 고장 사람을 천년만의 임금으로 모시자."

"경상도 대통령을 뽑지 않으면 우리 영남인은 개밥에 도토리 신세가 된다."

그 후 오랫동안, 아직까지도, 국민 화합을 저해하고 사회를 분열시키고 있는, 망국적 망언이었다.

그 후 서울에 살면서 전라도 출신인 탓에 의도적이든 아니든 다른 사람들이 무심코 하는 언행에 기분 나쁘거나 자존심 상하는 경험을 여러 차례 했다.

양정고등학교 재학 시절. 야간 중학을 졸업하고 진학한 고등학교 공부가 갑자기 어려워졌다. 특히 곧잘 하던 수학이 그랬다. 야간 중학에 다니며 설렁설렁 공부한 탓이 컸다. 그렇다고 과외를 할 형편은 아니었다. 영어 국어 점수를 수학에서 다 까먹었다.

법대를 가고 싶었다. 농촌에서 태어나고 자라 상경한 가난한 집 장남. 입신양명의 뜻이 있었다. 입시상담을 하던 담임 선생님이 말했다.

"일준아, 법대는 좀 애매하니 사회학과로 가라. 법대나 사회학과나 비슷해."

1976년. 고려대학교 사회학과에 들어갔다. 김대중이 예견했던 바대로 박정희는 유신헌법을 만들어 영구집권을 획책했다. 학교는 공부할 분위기가 아니었다. 어떤 친구들은 운동권에 들어갔다.

학교 안에는 경찰과 정보기관 요원들이 상주했다. 대학 건물 옥상에서 비라가 뿌려지면 형사들이 달려가고 곧 이어 경찰 기동대가 출동했다.

분출하는 민주화 요구를 억누르기 위해 박정희는 걸핏하면 긴급조치를 발동했다. 유신헌법 제53조에 규정된 긴급조치 발동에 관한 내용.

"대통령은 … 필요가 있다고 판단될 때에는 내정 외교 국방 경제 재정 사법 등 국정전반에 걸쳐 필요한 긴급조치를 할 수 있다…"

고려대학교는 독재와 싸우는 학교로 유명했다. 1975년, 대통령 긴급조치 제7호는 고려대학교만을 대상으로 발동되었다.

1. 1975년 4월 8일 17시를 기하여 고려대학교에 대하여 휴교를 명한다.
2. 동교 내에서 일체의 집회, 시위를 금한다.
......

나는 운동권이랑 거리가 멀었다. 어릴 적부터 어머니한테 귀에 못이 박히도록 들은 말의 영향이 컸다.

"일준아, 절대 데모 같은 거 하지 말어라이. 그래야만 될 이유가 있응께."

사회학과 공부는 재미가 없었다. 법대랑 비슷하다더니 하나도 안 비슷하네. 1학년 1학기를 마치자마자 휴학을 했다. 아버지 몰래 내 맘대로 1년을 휴학했다. 나중에 아버지한테 들켜서 생전 처음이자 마지막으로 뺨을 맞았다.

"이놈의 자식, 아부지한테 말은 했어야지!"

복학 후, 사회학과 공부는 작파하고 고시공부를 했다. 대학교 성적표에서 신 냄새가 나는 이유다. 학점은 온통 시디시디로 깔았다.

요즘 같으면 이런 성적표로는 어디든 취직하기 어려울 것이다.

2학년 때, 행정고시 1차에 합격했다.

"송계 대산양반한테 축하 전화 왔더라. 신문에서 네 이름 봤다고."

아버지가 말했다. 대산양반은 영암 같은 마을에 사는 아버지 친구였다. 같이 한국전쟁에 참전하고, 둘 다 죽을 줄 알았는데 둘 다 살아 돌아왔다. 두 분이 서로 존대를 했는데, 보는 나는 '친구라면서 왜 서로 말을 높이는 거지?' 하고 이상하게 생각했다.

고시 1차만 붙어도 신문에 실리던 시절. 내친 김에 2차까지 붙자고 각오를 다졌다. 학교 수업은 밥 먹듯이 빠지고, 먼지 가득한 동네 지하 독서실에서 고시공부에 매진했다.

어느 날. 가슴이 답답하고 목이 칼칼해 손으로 입을 가리고 크게 기침을 했다. 입에서 뗀 손바닥이 시뻘겠다. 피였다. 결핵이었다. 소설이나 드라마에서 보던 폐병.

"오매, 우리 아들 죽게 생겼네. 고시고 뭐고 당장 때려치워라."

어머니 머릿속 폐병은 죽을병이었다. 혹시라도 내가 약 먹는 걸 빼먹지 않는지 확인하고 계속 보신음식을 만들어 먹으라고 성화셨다. 어머니의 감독 하에 치료는 더 이상 철저할 수 없었다. 1년 후 결핵은 씻은 듯이 나았다. 지금도 엑스레이를 찍으면 폐에 흔적이 남아 있다.

병마는 이겨냈지만 고시공부에는 정나미가 떨어졌다. 내 사주에 관운은 없는 거야. 사회학과 공부에도 여전히 흥미가 없었다. 불교학생회에 가입하고 법대학 프랑스어공부 서클에 가입했다. 아침 일찍 영어회화 학원에 다니고, 한 학기 스페인어를 수강했다. 일본어 공부를 시작했다. 혼자서 히라가나 카타카나를 익히고, 학교 안 랭귀지 랩에서 헤드폰을 끼고 열심히 따라했다. 친구들이 말했다.

"야, 무슨 일본어 공부까지 하냐. 어디 쓸 데 있다고."

대학을 마치고 은행원이 되다

다시 고시 공부를 하기는 싫었다. 결핵에 걸려 1년을 치료에 전념하며 보낸 시간이 아까웠다. 공부든 뭐든 스스로 즐거운 걸 하면서 살자.

어디 쓴다고 일본어 공부까지 하냐고 친구들은 물었지만 개의치 않았다. 당시는 아니었지만, 지리적 역사적으로 가까운 나라인데, 결국 아주 밀접하게 교류하면서 지낼 수밖에 없을 것이다, 일본어는 틀림없이 장차 매우 유용할 것이다, 라고 생각했다.

피가 끓는 청춘 시절. 1년도 안 되는 짧은 시간이지만 비좁고 밀폐된 독서실에 갇혀 고시공부를 해봤다. 뜻하지 않은 발병으로 중단되었지만, 다시 독서실로 돌아가는 건 생각하기 싫었다.

외국어 공부는 재밌었다. 불어 써클은 프랑스어 공부의 재미도 있었지만 다른 대학에서 온 학생들과 어울리는 재미가 있었다. 스무살 청춘. 전공인 사회학과에는 거의 없는 여학생도 써클에는 많았다.

나중에 신문기자를 거쳐 유명한 소설가가 된 고종석도 써클 멤버였다. 성대 법학과에 다니던 고종석은 법학 공부에는 크게 흥미를 느끼지 못하는지 프랑스어 공부에 열심이었다. 어학에 뛰어난 재능이 있었다.

사회학과 공부는 하는 둥 마는 둥 하면서 영어, 프랑스어, 일본어 등 외국어 공부를 하며 대학시절을 보냈다.

외국어 공부를 하면 다른 세상과 교류하는 느낌이 들었다. 외국어를 하나 익히면 그 외국어를 쓰는 세계가 내 안으로 들어온다. 그 외국어를 사용하는 이들의 역사, 문화, 사고방식을 알 수 있다. 말을 하지 못하고 독해만 할 수 있어도 큰 힘이 된다. 외국어로 필요한 정보를 바로 입수할 수 있으니 얼마나 편리한가.

특정 외국어를 해독할 수 있는 사람과 전혀 못하는 사람. 하늘과 땅 차이다. 물론 최근에는 급속히 발전하는 자동번역기 덕에 외국어를 전혀 못하는 사람도 대강의 뜻을 파악하는 데 큰 문제가 없어지고 있기는 하다. 그래도 스스로 할 수 있는 능력이 있는 사람과 아닌 사람의 차이는 크다. 요즘 같은 국제화시대. 외국어는 강력한 무기다.

다른 써클 활동도 했다. 고대 불교학생회. 큰 병을 앓고난 후 불교에 관심이 생겼다. 여름방학 때는 오대산 월정사로 연수도 갔다. 적멸보궁에서 밤을 새가며 절을 하기도 했다. 불교학생회 활동은 오래 하지 않았다. 불교 공부도 깊이 하지 못했다.

1년 휴학을 한 탓에 후배들과 같이 대학을 다니고 졸업했다. 옛날, 사회학과 나오면 어떤 회사에 취직들 하나요?"라고 묻자

"사회학과는 사회 모든 분야 하고 관련되는 학과니까, 어디든 갈 수 있어."라고 말한 선배가 있었다. 과연 사회학과 출신들은 여기 저기 다양한 분야에서 활약하고 있다. 제법 유력한 정치인이 된 이도 있고, 외

교관이 되어 활약하다 퇴직한 이도 있다. 언론계에도 많다.

1979년 10월 26일. 중앙정보부장 김재규의 손에 독재자 박정희가 암살당했다. 1979년 12월 12일. 전두환이 군사반란을 일으켰다. 박정희 피살부터 5.18광주항쟁이 일어나기 전까지 짧은 기간, 민주화에 대한 열망이 폭발했다. 서울의 봄이었다.

운동권과는 거리가 멀었던 나도 매일 시내로 진출해 데모했다. 문무대에 들어가 군사훈련을 받을 때 체험했던 최루탄 가스를 실컷 마셨다. 서울시청 앞 광장. 전투경찰대가 최루탄을 쏘면 일제히 도망쳤다. 아무데나 닥치는 대로 뛰어들어갔다. 프레지던트 호텔은 문을 걸어 잠갔다. 시청 앞 광장에는 시위대의 벗겨진 신발들이 나뒹굴었다.

1980년 5월 18일. 반란군 수괴 전두환이 무고한 광주시민을 학살하고 권력을 찬탈했다. 민주화운동에 앞장섰던 많은 이들이 잡혀갔다. 총칼 앞에 모든 국민이 숨을 죽였다.

이른바 '서울역 회군' 때 나는 서울역에 있었다. 5.18 후 며칠이 지났을 때, 친구들이 불러내 나간 대학교 앞 다방에서 전두환 반란군의 만행을 등사한 인쇄물로 읽었다. 믿을 수 없는 내용에 가슴이 떨렸다. 침묵만이 흐르던 호랑이 다방의 분위기, 지금도 생생하다.

1981년 대학교를 졸업했다. ㅇㅇ은행에 취직했다. 병역을 마치기 전이었다. 당시 은행은 최고의 직장이었고, 군대를 가더라도 기본급이 나왔다. 군복무를 하는 동안 나오는 기본급을 모으면 그걸로 공부를 더 할 수 있겠다고 생각했다.

신입사원 연수. 지폐 세는 법, 주판 두는 법, 고객 응대법 등을 교육받았다. ㅇㅇ은행 종각지점에 배치되었다. 별단계. 공과금을 수납하고 수

표를 처리하는 부서였다. 창구에서 일하는 여직원들 뒤가 내 자리였다. 주임이라고 불렸다.

은행일은 계산의 연속이었다. 주판을 두지 못하는 나는 난감했다. 창구에서 일하는 여직원들은 상고 출신들이었다. 주판 실력이 귀신같았다. 먹을 걸 사주며 부탁했다. 한 시간이 걸려 겨우 끝냈다가도 틀려서 다시 해야 하는 나랑 비교하면, 여직원들은 순식간에 계산을 끝냈다.

한 달쯤 됐을까. 전철을 타고 출근해 종각역 출구를 나서면 바로 보이는 은행의 셔터. 보자마자 거부감이 들었다. 아, 출근하기 싫다. 은행일은 나랑 맞지 않아.

지점장에게 퇴사하고 싶다고 말했다.

"이런 좋은 직장을 그만 두겠다고? 잘 생각해보게. 별단계 일이 힘들어서 그런가. 부서를 옮겨 주겠네."

외환계로 옮겼다. 기업을 상대로 하는 일. 별단계보다 훨씬 여유가 있었다.

두 달 정도 지났을까. 매일 반복되는 업무가 지겨워지기 시작했다.

근무하면서 병역을 위한 신체검사를 받았다. 보충역 판정을 받았다. 학생 군사훈련을 받을 때 총을 쏘는 과녁이 또렷하게 보이지 않을 정도로 시력이 나빴다. 재학 중, 한달 간 문무대 군사훈련을 받은 덕에 병역 기간에서 한 달이 감해졌다. 1년 남짓한 복무기간. 현역으로 갈 때보다 1년 이상 기간이 줄어들었다. 대학원을 다녀도 되겠다고 생각했다.

지점장에게 사표를 내고 싶다고 말했다.

"거 참, 일단 알았으니 집에 가 쉬면서 잘 생각해보게. 사표는 내가 갖고 있을게."

이름도 잊었지만 너무도 좋은 상사였다. 은행을 그만두고 대학원 입학 시험을 준비하기 시작했다. 좋아하는 영어 공부를 좀 더 해보자. 한국외국어대학교 통역대학원 한영과를 목표로 했다.

사표를 내고 한두 달 쯤 지났을까. 다시 은행을 찾아갔다.

'삼봉 정도전'
유배지를 가다

고려 왕조를 무너뜨리고 성리학적 사상에 입각해 새로운 국가를 설계한 혁명가이자, 조선 왕조의 창업 및 개혁 작업을 이끈 정치가, 철학자, 사상가인 삼봉三峰 정도전鄭道傳의 유배지는 나주시 다시면 운봉리에 있다. 고려 말 지명으로는 회진현 소재동, 현재는 백동마을이다. 혁신도시에서 가려면 서쪽 외곽으로 나있는 국도 1호선을 타고 서쪽을 향해 달리면 된다. 나주읍성을 통과하는 영산로를 타고 가면 다시에서 1번 국도와 만난다. 영산강 북쪽 강변로를 타고 가면 구진포, 백호문학관과 한국천연염색박물관이 있는 회진, 그 다음 고구려대학교를 지나 국도 1호선과 합류한다. 국도 1호선에 들어서면 바로 왼쪽에 다시종합터미널이 있고 그 앞에 다시교차로가 있다. 오른쪽으로 꺾으면 801호 지방도인 월암로다. 2km 정도만 가면 백룡산 아래 포근하게 자리 잡은 백동마을이 있다. 삼봉 유배지로 가는 표지판은 월암로에서 백동마을 입구로 갈라지는 길 입구에도 있고 백동마을 입구에도 있어 알기 쉽다. 백동마을 앞에

삼봉 정도전 유배지로 가는 표지판이 월암로에서 백동마을 입구로 갈라지는 길 입구에 서 있다.

이르러 왼쪽으로 눈을 돌리면 앞으로 너른 들이 펼쳐진다. 길가에 아름드리 노송들이 일렬로 심어져 있다. 풍수에 따라 마을이 빤히 노출되는 걸 막고 기운을 보하기 위해 심었다고 한다. 오른쪽 너른 공터 한 켠에 간판이 서 있다. 도올 김용옥 선생이 쓴 신소재동기다.

"…경상도 봉화 사람 정도전… 경세가로서 치국방략의 대강은 바로 이곳 유배생활에서 기층 농민들의 순진무구하면서도 놀라웁게 비판적인 삶을 몸소 체험하면서 형성되어 간 것… 삼봉이야말로 경상 전라 양 날개의 기를 결집하여 경기京畿와 온 누리의 몸체를 혁신한 혁명가요 대사상가라 할 것… 34세부터 36세까지 세 해를 이곳 소재동에서 머물렀다. …그 사상이 동학, 의병, 독립운동, 광주민중항쟁을 거쳐 오늘 우리 사회의 개혁정신에까지 이르고 있으니 이곳 소재동이야 말로 우리민족

삼봉이 그냥 초사라 이름붙인 거소는 방 한 칸에 마루가 달린 작디 작은 초가집이다. 높이가 허리춤에 못미치는 나무로 된 문을 열고 경사를 올라가야 한다.

의 끊임없는 혁명의 샘물이다.”

　총 9년의 유배 생활 중 3년을 정도전은 이곳 소재동에서 보냈다. 착취당하는 민중의 삶을 목도하고, 그들의 지혜에서 배우고, 부패 타락한 고려를 무너뜨리고 새 나라를 세우겠다는 혁명의 각오를 굳히고 아이디어를 가다듬었다. 경상도 봉화 출신의 유배 죄인을 따뜻하게 품어준 거평부곡 사람들. 경상도니 전라도니 하는 지역감정이 여전히 남아 있고, 그걸 이용하려는 세력이 호시탐탐 발호하는 상황에서 백동마을 ‘정도전유배지’는 국민통합, 지역통합을 위한 상징적 장소로서의 가치가 충분하지 않을까, 경북 봉화와 나주가 협력하여 대형 이벤트를 기획할 수 있지 않을까, 신소재동기를 읽으며 생각한다.

　유배지에는 나주 정씨의 조상인 경무공 정식 선생을 기리는 큰 비석이 오른쪽, 소재동비가 왼쪽에 서 있고, 그 뒤로 작은 초가가 한 채 있다. 삼봉이 그냥 초사라 이름 붙인 거소는 방 한 칸에 마루가 달린 작은 초가집이다. 높이가 허리춤에 못 미치는 나무로 된 문을 열고 경사를 올라간다. 정도전은 소재동에서 유배생활을 하면서 권문세가들에게 착취당하는 농민들의 현실, 그러면서도 강하고 낙천적이고 지혜로운 백성들을 보고 배웠다. 백성이 나라의 근본이고, 정치는 왕이 아닌 엘리트들이 주도해야 한다. 삼봉의 민본사상 혁명사상은 나주 소재동에서 발효되고 숙성되었다. 삼봉의 답전보答田父를 생각한다. 삼봉이 들판에서 일하는 농부에게 신랄하게 당하며 깨달았던 일을 적은 짧은 글이다. 지식인과 벼슬아치를 바라보는 백성들의 시선이 칼날처럼 매섭다. 크게 야단맞고 깨우친 삼봉이 농부를 스승으로 모시고 가르침을 청하겠다고 하자 단칼에 거절한다.

"나는 대대로 농사 짓는 사람. 밭을 갈아 나라에 세금을 내고 남은 것으로 처자를 먹여 살리니 그 밖의 것은 나의 알 바가 아니다. 그대는 물러가라. 나를 어지럽히지 마라."

동서고금을 막론하고, 백성들은 결코 어리석지 않다.

엄청난 의미를 가진 곳임을 생각하면 삼봉 유배지는 너무 초라하다. 제주도에 있을 때 방문한 추사 김정희 유배지. 유배생활을 하며 주민들에게 글을 가르쳤던 마을 유지의 초가집을 복원해 놓았고, 세한도 속의 집과 소나무를 모티브로 기념관을 짓고 소나무를 심었으며, 위리안치圍籬安置를 의미하는 탱자나무 울타리를 만들어 놓았다. 기념관으로 내려가는 계단을 유배의 가시밭길로 형상화한 것이었다. 추사에 비할 바 없이 중요한 인물인 정도전. 풍운의 혁명가가 서른네 살부터 서른일곱 살까지 머물렀던 소재동 삼봉 유배지를 추사의 유배지처럼 만들지 못할 이유가 없다. 낡아빠진 단칸방. 쥐똥인지 흙인지 알 수 없는 작은 덩어리들과 수북하게 쌓인 먼지로 지저분한 마루, 삼봉의 시대에는 있지도 않았던 댓돌 위의 고무신, 자물쇠 잠긴 방문… 관리 상태가 좋다고 말하기 힘들었다. 삼봉에 대한 예의도 아니다.

마루 위 벽 높이 삼봉이 쓴 시 두 수를 새긴 현판이 걸려 있다.

이엉 끝을 아니 잘라 처마는 어지럽고
흙을 쌓아 만든 뜰은 모양새가 삐뚤빼뚤
사는 새 지혜로워 제 머무를 곳 찾아오고
들사람 놀라서 뉘 집이냐 물어보네
맑은 시내 조용히 문을 지나 흐르고
영롱한 푸른 숲은 집을 막아 가렸네
밖에 나가 보는 강산 아득한 벽지인데
문 닫고 돌아오면 옛 생활 그대로네

마루에 앉아 눈부신 햇살이 내리쬐는 들판을 바라본다. 반듯하게 경지정리가 된 논은 삼봉 시대의 것과 전혀 다를 것이나 바라보이는 풍경은 그대로일 것이다. 눈을 감으니 시공을 넘어 삼봉과 함께 앉아 있는 듯한 느낌이다. 멀리 첩첩한 산들. 가까이 모내기를 기다리는 물댄 논. 모든 것이 정지화면인 풍경 속에 홀로 움직이는 것이 있다. 모판을 떠서 싣고 가는 트랙터다.

하염없이 바라보며 삼봉을 생각한다. 고려 말, 망하기 직전인 왕조의

초사에는 마루 위 벽이 높이 삼봉이 쓴 시 두 수를 새긴 현판이 걸려 있다.

극한에 이른 부패와 타락을 생각한다. 망해가는 원나라와 대두하는 명나라 사이에서 새 길을 찾으려는 자와 옛길을 고집하려는 세력 사이의 쟁투를 생각한다. 사물이 극에 달하면 반드시 되돌아온다는 물극필반物極必反의 섭리를 생각한다. 작금의 국내 정치, 사회현실, 국제정세… 예외가 아닐 것이다.

유배지에서 되돌아 나오는 길에 다시 간판 앞에 멈춰서 도올이 쓴 신소재동기를 읽는다.

"정도전… 치국방략… 그 핵심은 맹자의 민본사상과 혁명사상을 조선민중의 삶속에 체화시킨 것이다. 실천을 모르는 지식인의 박학이 얼마나 무서운 허위인가를 깨달았다…. 소재동이야말로 우리 민족의 끊임없는 혁명의 샘물이다."

어느 지자체보다 자원이 넘치는 나주. 삼봉 정도전 유배지, 조선 최고

의 낭만가객 백호 임제문학관, 거북선을 만든 나대용 장군 생가, 아나키
스트 나월환 동상, 영산포 홍어거리, 일본인 지주 구로즈미의 집, 애절
한 러브스토리가 서린 앙암바위, 왕건과 장화왕후의 불꽃이 튄 첫 만남
의 전설이 깃든 완사천, 남평 드들강…. 혁신도시 사람들은 곰탕집 말
고, 나주의 역사와 자원을 얼마나 알고 있을까. 스스로 나주 사람이라는
의식은 있는 것일까. 아니라면 그들을 위해 지역은 어떤 노력을 얼마나
하고 있을까. 생각이 꼬리를 문다.

나주 맛집
'진미옛날순대'

나주읍성 안 금성관에서 출발하는 금성관길과 이어지는 나주로를 따라 나주천을 건너고, 계속 남쪽으로 가다보면 반세기도 전에 내가 다녔던 나주초등학교가 나온다. 바로 옆. 옛날에는 호비(호남비료공장)로 불렸던 LG화학공장이 있다. 1960년대. 농사에 필요한 비료가 절대 부족했던 때 독일 차관을 들여와 지었다. 낮은 생산성으로 늘 모자라던 쌀을 증산하는 데 크게 기여했고 나주의 경제에도 없어서는 안 될 존재였다. LG화학 정문 건너편. 거기 맛집으로 소문난 '진미옛날순대'가 있다. 자그마하지만 제법 자릿수가 있는 가게 안. 빗방울이 추적추적 떨어지는 이른 저녁인데도 사람들이 벌써 자리를 차지하고 있다. 벽에 걸린 사진과 글들.

그 중에서도 눈길을 끄는 건 만화가 허영만 화백이 쓴 글이다.

"암뽕순대의 참맛이 나주에 있습니다."

주인 배성자 씨와 인사를 나눈다. 부부가 같이 한다는데 남편으로 보이는 이는 안 계신다.

"전에 한 번 ○○○과 같이 온 적 있어요. 그때는 광주MBC 사장이었어요. 석달 전 퇴임하고 며칠 전 나주로 내려왔습니다."

"아, 그러세요? 반가워요."

딱히 뭘 주문하지 않았는데도 알아서 음식들을 내온다. 암뽕순대, 암뽕수육, 족발. 한 점씩 집어 입으로 넣는다. 순대를 좋아해도 암뽕순대는 기피했는데 이곳 암뽕순대는 다르다. 역겨운 냄새가 전혀 없다. 암돼지의 자궁 부위(돼지새끼보)인 암뽕을 삶은 수육과 돼지막창순대를 같이 내놓는 암뽕순대는 깨끗이 씻고 냄새가 나지 않도록 삶아내야 하는데 그걸 잘 못하는 집들이 적지 않아 역겨운 냄새 때문에 먹기 힘들었던 적이 많다. 여러 군데 다녀봤지만 여기처럼 깔끔하고 냄새가 전혀 없고 맛있는 곳은 못 봤다. 가게에 붙여 놓을 글귀 하나 써달라는 말에 "내 생애 최고의 순대 진미옛날순대 송일준PD"라고 쓴 까닭이다.

"너무 아부성 글 아니에요?" 하고 일행이 물었지만, "진짜 맛있는 걸 어떡해. 진심이여."라고 내가 대답한 이유다. 안주가 좋은데 술 한 잔이 빠질 순 없다. 나야 한두 잔 이상 마시기 힘들지만 술을 좋아하는 친구가 함께 있었다. 맥주하고 소주를 내오면서 주인이 말한다.

"다른 소주 말고 잎새주 드세요. 우리 지역 소주를 팔아줘야제."

그런데 말하는 액센트가 조금 특이하다. 전

진미옛날순대에서는 딱히 뭘 주문하지 않아도 알아서 음식들을 내온다. 암뽕순대, 암뽕수육, 족발. 여기 암뽕순대는 역겨운 냄새가 전혀 없고 맛있다.

라도말에 경상도 액센트가 섞여 있다.

"혹시 경상도분이셔요? 말투가 좀⋯."

"예, 안동이라요."

역시 그랬구나. 근데 어쩌다 안동 사람이 나주에 오게 됐을까?

배성자 씨 부부는 서울에서 만나 연애를 했고 1984년에 결혼했다. 지금과 비교할 수 없을 정도로 지역차별이 심했던 시절. 경상도 그것도 안동의 처녀가 전라도 총각과 연애를 하고 결혼을 했다니 사연이 없을 수 없겠다.

"전라도 사투리를 안 써서 전혀 몰랐어요. 알고 보니까 나주 출신이더라고요."

결혼하겠다고 부모님께 말했더니, 아니나 다를까 결사반대였다. '죽어도 결혼하겠다'는 딸과 '절대 안 된다'는 아버지. 다행히 작은아버지가 도와주셨다.

"전라도 어디라꼬? 나주? 전주랑 나주는 양반 고장 아이가. 안동하고 비슷한 곳이구마. 사람이 개않코 성자가 죽고 못산다카는데 우짜겠노, 허락해줘라."

마지못해 결혼을 승락했지만 아버지는 나주에 내려가 사는 건 절대 반대였다. 할 수 없이 서울에서 몇 년 살았다. 그런데 서울에 살던 집에 왔다가 안동으로 돌아가신 부모가 너무 가난한 총각에게 시집간 게 속 상해서 '다시는 안동집에 내려오지 마라'고 했다. 그래서 삼년 동안 친정을 못 갔다. 나중엔 우리 사위 최고라고 바뀌었지만. 그러다가 광주로 내려갔다. 부부가 함께 직장에 다니며 서동 미문화원 근처에 살았다. 1980년대. 하루가 멀다 하고 학생들이 미문화원을 공격했다. 5.18학살에 책임을 지라 요구하며 미국을 규탄했다. 시국이나 사회문제에 관심이 없었던 배성자 씨 집으로 경찰에 쫓긴 학생들이 도망쳐 들어왔다. 숨겨주고 마실 것을 줬다. 남편은 시위현장에 박성자 씨를 데리고 갔다. 성당에서 열린 5.18사진전을 보고 충격을 받았다. 목숨을 걸고 싸운 시민들 사진을 보고 감동했다. 가난해도 정의롭게 당당하게 살자. 배성자 씨는 의식 있는 시민이 됐다. 그 이후 옳다고 생각하면 남의 눈치 보지 않고 말하고 행동한다. 지역 정치인도 누가 좋다고 생각하면 드러내놓고 자기 생각을 밝히고 남에게 설명한다. 그러다가 나주로 내려와 식당을 시작한지 올해로 27년째다. 물론 우여곡절이 많았다.

처음 남편은 당연히 반대했다. 다행히 가족 중에 편을 들어주는 사람들이 있었다. '안동사람이 멀리 나주까지 시집 와 고생한다'고 평소에도 따뜻하게 대해주던 시숙과 시누이들이었다.

순대국밥집을 해보기로 결정한 후 사직공원 부근 국밥집들을 순례했다. 집집마다 맛을 보고 비교했다. 맛있는 순대집에 찾아가 어떻게 만드는지 좀 가르쳐 달라고 사정했지만 영업비밀을 가르쳐주는 집은 없었다. 직접 만들어보는 수밖에 없었다. 허름한 가게를 하나 구했다. 음식 솜씨 좋은 시어머니를 모시고 순대국을 주메뉴로 국밥집을 시작했다.(배성자 씨는 둘째 며느리지만 시어머니를 가게 이층에서 모시고 같이 살았다. 시어머지는 몇 년 전 돌아가셨다) 매일 다르게 만들어봤다. 맛이 아니다 싶을 땐 전부 버렸다. 버리고 끓이고 버리고 만들고….

"아마 2톤 반 차로 한 트럭은 버렸을 거라요."

시행착오를 거듭하며 국밥집을 운영한지 삼 년째 되는 해부터 손님들이 몰려들었다. 국밥 순대 족발이 맛있다고 소문이 나기 시작했다. 방송사에서도 취재를 했다. 전라도 향토음식 암뽕순대가 뭔지도 몰랐던 경상도 안동 여자가 나주 총각에게 시집와 나주 원도심에서 옛날순대국밥집으로 성공한 것이다.

배성자 씨는 두 아들을 두었다. 가게에서 엄마를 돕는 덩치 큰 아들은 차남이다. 장남 황대승 씨는 전남대에서 경영학을 전공하고 성남시에 올라가 직장에 다녔다. 그러다가 혁신도시로 내려와 농촌경제연구원에서 사무직으로 일했지만 계약직으로 계속 일할 생각을 하니 우울했다. 차라리 음식 장사로 승부해보자고 마음을 잡고 진미옛날순대 브랜드로 나주 남평 강변도시에 가게를 냈다. 어머니의 손맛을 익혀 오픈한지 1년 반쯤 되자 장사는 궤도에 올랐다. 가게가 위치한 남평 강변도시는 부동산 값이 비싼 광주에서 옮겨온 사람들이 사는 뉴타운이다.

"그런대로 괜찮습니다. 뜨거운 음식이라 여름철에 장사가 덜 되긴 하지만 버틸 만합니다."

마스크에 가려져 있지만 표정이 밝다. 전해지는 기운이 좋다.

'미스박 커피'에는
'미스터 변'이 있다

영암에서 태어나 어릴 적에 나주로 이사 왔다. 영암의 기억은 없고 나주 친구들과의 추억만 있는 까닭이다. 나주초로 들어가 나주중앙초를 나온 다음 나주중학에 들어가 다니다 서울로 이사했다. 나주 읍성 서성문 밖에서 살았다. 향교가 있어 동네 이름이 교동校洞이었다. 지금은 복원돼 있는 서성문도 성벽도 그때는 없었다. 성벽을 따라(혹은 위에) 들어선 집들에 가려져 거기 성벽이 있을 거라고는 생각도 못했다. 더운 여름. 좁은 골목을 빠져나와 나주천을 따라 올라가면 저수지가 있었다. 도중에 만나는 언덕 위 작은 기와집. 제사를 지내는 제각이었다. 지금은 3917마당의 게스트하우스로 쓰이고 있다. 저수지 둑에서는 삐비가 자랐다. 봄이면 어린 이삭을 뽑아 입에 넣고 껌 대신 삐비를 질겅질겅 씹었다. 달착지근했다. 나중에 알았지만 삐비는 이삭과 뿌리를 한약재로 쓰는 벼과의 풀이다. 과당, 포도당, 자당, 트리테르펜 성분이 함유돼 있다. 저수지는 수영장이었다. 어른 아이 할 것 없이 여름철 물놀이터였다. 가

어린 시절, 수영을 전혀 못하는 나도 알몸으로 뛰어들어 놀았던 저수지 '한수제'. 어른 아이 할 것 없이 여름철 물놀이터였다.

장자리엔 물풀이 자랐다. 수영을 전혀 못하는 나도 알몸으로 뛰어들어 놀았다. 멀리는 못가고 끄트머리에서 개헤엄을 치며 뱅뱅 돌았다. 발에 물풀이라도 닿을라치면 소름이 끼쳤다. 물속에서 뭔가 나를 잡아당기는 듯한 느낌이 들어 무서웠다. 물속에서 첨벙거리기 시작한지 얼마나 지났을까. 멀리서 나를 부르는 소리가 난다.

"일준아~, 얼릉 나와야. 빨리 안 나오냐."

소리가 점점 커진다. 엄마다. 누군가 "아들이 저수지서 헤엄치고 있습디다"라고 일러줬을 것이다. 놀란 엄마는 하던 일을 집어 던지고 달음박질쳐서 저수지 둑으로 올라왔을 것이다.

"오매, 죽을라고 환장했냐."

천둥같은 고함소리와 강력한 손짓. 시원한 물속을 떠나기 싫어도 도저히 거부할 수 없다. '짜아식, 안 됐네' 하는 표정으로 바라보는 친구들을 남겨두고 엄마를 따라 집으로 돌아온다. 엄마의 과도한 통제에는 이유가 있었다. 거의 해마다 저수지에서 사람이 빠져 죽는 사고가 났기 때문이다. 그때의 저수지가 한수제라는 것을 광주MBC 사장이 되어 나주를 다니기 시작하면서 알았다. 봄이면 벚꽃 명소로 유명한 곳이라는 사실도 알았다.

한수제 윗 동네에 같은 초등학교를 다니는 아이들이 있었다. 공식 명칭은 경현동인데 당시엔 진동이라 불렀다. 한수제 끝까지 가면 나타나는 세 갈래길. 오른 쪽으로 가면 다보사라는 절이 있다. 작지만 역사가 매우 오래된 절이다. 봄날 소풍은 으레 거기로 갔다. 제법 오래 전, 5학년 때 찍은 봄소풍 사진을 친구가 보내왔다. 내 페북 배경사진으로 올려놓았다. 담임은 호랑이로 불린 채규만 선생님이었다. 살아계셨으면 만나 뵐 수 있을 텐데 돌아가셨단다. 한수제 위 진동에서 사는 친구 중에 이수민이 있다. 서울에서 사는데 주말이면 종종 KTX를 타고 내려와 어머니를 뵙고 밭일을 하다 올라간다. 원도심에서 사람을 만난 후 혹시나 해서 전화를 했더니 밭에 있었다. 오토바이를 타고 한수제길을 쌩하고 달려가 만난다.

"여기까지 왔는디 어머니는 뵙고 가야제."

어머니는 오래 전 새로 지은 단층집에서 홀로 계신다. 아버지는 이십여 년 전에 돌아가셨다. 6남 2녀를 낳아 기르시느라 고생 참 많이 하셨다. 올해 아흔일곱. 귀가 들리지 않아 필담을 해야 하지만 의사소통엔 지장이 없다. 얼마 전엔 넘어져서 얼굴에 멍이 생겼다. 자칫하면 큰 일 날 뻔했는데 그나마 다행이다. 낙상으로 고관절이 부러져 회복하지 못하고 세상을 떠나는 분들이 적지 않다. 광주에 내려오자마자 찾아뵌 6학년 담임 정병옥 선생님도 그러셨다. 다시 뵙고 싶었는데 못 뵌 사이 돌아가셨다는 연락을 아들한테서 받았다. 허망했다.

"수민이 친굽니다."

큰 소리로 인사를 드린다.

"귀가 어두우셔. 글로 써드려야 돼."

수민이가 메모지와 싸인펜을 가져오더니 적기 시작했다.

"나주 친구. 전 광주엠비시 사장. 나주를 위해 일해보겠다고 나주로 내려왔음."

활짝 웃으시더니 뭐라 뭐라 말씀하시는데 알아듣기 힘들었다.

"이쁘게 잘 생겼응께 하고 싶은 일 얼마든지 하겠구만."이라고 말씀하신다고 수민이가 통역했다. 수민이와 어머니 사진을 찍어주고, 나와 수민이 어머니 사진도 찍는다. 서울 아파트에서 혼자 살고 계신 어머니를 생각한다. 올해 여든아홉. 대가족으로 시집와 시부모를 모시고 출렁이는 현대사 속 덩달아 출렁인 집안의 대소사와 우여곡절을 다 치르고, 2남 2녀를 낳아 기르며 필설로 표현하기 힘든 고생을 하고, 삼년 전 남편을 떠나 보내고 이제는 혼자 남아, 걸핏하면 문자로 "밥 잘 묵어라, 코로나 조심해라, 너무 무리하지 말아라." 예순 훨씬 넘은 아들 걱정이 끝이 없으시다. 다행히 무릎 관절이 안 좋아 걷기가 조금 불편한 것 빼고는 건강이 괜찮고 정신이 또렷하시다. 감사한 일이다.

미스박커피. 비에 쓸려 내린 누런 토사로 덮힌 밭에서 일하던 친구 수민이가 안내한 카페다. 한수제 위 삼거리에서 다보사로 올라가는 오른쪽 길 말고 왼쪽, 작은 다리 건너기 전 오른쪽으로 마을을 끼고 올라가

얼핏 봐도 원래 있던 집을 리모델링한 카페 미스박커피. 이층으로 된 본관과 별채로 돼 있다.

면 왼쪽 낮은 언덕 위에 금세 카페임을 알 수 있는 집이 보인다.

경현길이 끝나는 곳에 있다. 카페는 이층으로 된 본관과 별채가 있다. 마을을 향해 시원스레 유리창을 냈다. 본채 앞 마당이 넓다. 백열 전등이 달린 줄들이 쳐져 있고, 테이블이 놓여 있고, 작은 인디언텐트가 있고, 웨딩 사진 촬영 장소 같은 분위기를 내는 소품들이 놓여 있다. 본채 입구에 '미스박커피'라고 큰 글자로 쓴 세로간판이 달려 있다.

문을 열고 들어가면 정면에 주방, 좌우로 각각 방이 하나씩 있다. 유럽풍 가구들과 그릇들과 장식들. 주방 안에서는 젊은 여성이 바쁘고 홀에서는 건장한 남성이 분주하다. 여성은 카페의 주인 바리스타 오보람 씨, 남편은 변근중 씨. 변시후로 개명했단다. 더 젊게 봤는데 마흔여덟이고 세 아이를 두고 있다. 변시후 씨는 서울에서 태어나 다섯 살 때 나주 영산포로 왔다. 완도가 고향인 아버지가 서울에서 사업에 실패한 후 내려왔다. 무슨 연유로 완도가 아닌 영산포를 택했는지는 모른다. 아버지는 소를 키웠다. 나이 들어 힘에 부친다는 지금도 사십 마리를 키운다. 어머니는 일찌기 흑염소 개소주 등을 만들어 파는 가게를 열었다. 영산포 송죽흑염소. 변시후 씨가 초등학교 6학년때 시작했으니 삼십오년쯤 된다. 아버지보다 더 개방적이고 적극적인 성격이시라 지역사회 봉사활동도 열심이다. 영산포초등학교, 중학교, 고등학교를 다녔다. 군대에 다녀온 뒤 스물두 살부터 취직해 일했다. 자동차회사, 인테리어업체에서 일하고 꽃장사도 했다. 여러 직업을 전전했다. 카페를 하기 전에는 ○○유업 광주지역 홍보팀장으로 일했다. ○○유업으로 이직하기 직전 교통사고를 당했다.

"1년 정도 입원했어요. 그러면서 직장 생활 그만두고 카페를 하고 싶다는 생각을 했어요."

나주 한수제 위, 선배가 하던 오리주물럭집이 문을 닫게 됐다고 해서 십년 계약으로 빌렸다. 넉 달에 걸친 리모델링은 혼자 힘으로 했다. 인테리어업체에서 일하며 익힌 감각이 도움이 됐다. 유럽식 가구와 그릇, 소품들은 전국 여기저기서 사왔다. 어떤 것들은 물건 값보다 운송비가 더 들었다. 외진 곳인데 장사는 잘 될까.

"오픈한 지 일년 반 정도 됐는데 괜찮아요. 평일 이삼십팀, 주말 오십팀 정도 옵니다."

평일엔 최소 40명에서 90명, 주말엔 백명에서 150명 정도 찾아오는 셈이다.

"이 골짜기까지 용케 사람들이 찾아오네요?"

"인스타, 네이버, 페북 같은 SNS에서 보고 오는 사람들이 많아요. 대부분은 외지에서 오셔요. 서울 대구 부산에서도 와요. 나주 사람들 비율은 15%정도인데 대부분 관공서 분들이구요."

잘 믿어지지 않는다. 멀리, 사방에서 찾아온다고? 이 골짜기까지?

"웨딩, 클래식, 공주풍. 이 컨셉이 잘 맞아떨어진 것 같아요. 사진을 찍으면 한 곳이 아니라 여러 군데 같은 느낌이 나나봐요."

요즘은 단골이라는 개념이 없단다. 어디에 특이한 데가 생기면 아무리 멀고 외진 곳이라도 찾아가서 사진을 찍고 인증샷을 올려야 직성이 풀리는 사람들이 많단다. 누가 먼저 그 카페를 찾아가 사진을 찍어 올리는지 경쟁이라도 하는 듯하다.

"저수지 위 산자락에 있고, 예쁘고, 편안하고, 와서 쉬면 힐링이 되

변시후 씨는 웨딩, 클래식, 공주풍 컨셉의 인테리어는 거의 넉달에 걸친 리모델링 끝에 혼자 힘으로 해냈다.

고… 그래서 여기까지 찾아오는 것이겠지요."

SNS 시대. 맘에 드는 곳이 있으면 손님들이 알아서 홍보해주는 시대. 카페 하기에 불리한 곳따윈 없다.

"돈은 좀 버시나요?"

"직장 생활 하는 거 보단 낫습니다. 그래도 들어가는 돈이 많아요. 장식도 계속 바꿔야 하고 낡고 오래된 집이라 손볼 데도 많고요."

나주 관광에 대한 의견도 확실하다.

"나주는 관광지라는 이미지가 전혀 없어요. 예전에는 나주배가 유명했는데 요즘엔 그것도 아니에요. 자원은 많은데 뭔가 확실하게 떠오르는 게 없어요."

"나주 곰탕은 유명하잖아요?"

"관광객들 찾아와도 곰탕집 말고는 갈 데가 없어요. 골목에 카페들이 생기고는 있지만 띄엄띄엄 있는 데다…. 밤이면 관광객들이 갈 데가 없어요. 불 다 꺼져 있고."

전주에서 나주로 와서 버려져있다시피 했던 공간을 개발해 3917마당이라는 핫플레이스로 바꾼 남우진 대표 얘기도 잘 알고 있다.

"나주가 전주를 따라가는 경향이 있는것 같아요. 근데 전주 한옥마을. 요즘 가보면 너무 상업적이어요. 이층집 한옥들이 즐비한 거리. 장사하기 위해 그렇게 짓겠지만, 아쉬워요. 오래된 고택의 기와, 분위기를 그대로 살려서 리모델링하거나 한옥답게 지으면 좋을 텐데. 나주 읍성은 전주 한옥마을하고 똑같이 되면 안 될 것 같아요."

나주에서 만나는 다양한 사람들. 생각이 확실하고 의식이 있다. 하나같이 다른 지역에 비해 훨씬 많은 자원이 있는데도 충분히 활용되지 못

하고 있다는 얘길 한다.

"나주에서 사업하는 청년들 만나보셨나요? 얘기 한 번 들어보셔요. 시 지원금으로 버티지만 지원금 끊기면 유지하기 힘들어요."

어느 지자체를 가나 듣는 청년 유치, 도시재생, 지역활성화의 문제점 이다. 그나저나 부부가 함께 카페를 운영하며 세 아이는 어떻게 키우고 있을까.

"아들 둘, 딸 하나. 여섯 살, 네 살, 두 살인데요, 광주에 있는 외할머 니가 돌보고 있어요."

"혼자서 손자 셋을요?"

"힘드시지요. 대신 아내가 무조건 다섯 시면 일을 끝내고 광주로 갑니 다."

아무리 그래도 외할머니 고생이 심할 것이다. 가뜩이나 결혼도 안하 고 아이도 안 낳는 시대. 아이들 양육은 무조건 사회가 책임져야 한다. 마지막으로 궁금한 것을 묻는다.

"왜 카페 이름이 미스박커피예요?"

"그 질문 많이들 하셔요. 카페 이름들 어려워요. 여기 오기 전 삼거리 오른쪽에 있는 카페 이름 아셔요?"

서울에서 내려오면 뻔질나게 그 앞을 지나다니는 수민이도 모른다.

"뭐더라… 무슨… 포…뭔데."(카페 라포네)

"잘 생각나지 않잖아요. 그래서 한 번 들으면 기억할 수 있는 쉬운 이름으로 짓자고 생각했어요. 미스리, 미스김, 하면 좀 거시기하고, 미스박커피 하니까 느낌이 괜찮더라고요."

그랬구나. 사람들은 미스박이라는 처녀가 하는 카페인가 할 것이다. 총각이라면 훨씬 더 호기심이 일어 끌릴 수도 있겠다. 지역마다 독특하고 예쁜 카페들이 많이 생겼다. 나주에도 많이 들어서고 있다. 카페업계의 경쟁이 갈수록 치열해지고 있다.

"더 머리를 쓰고 아이디어를 짜내야 해서 힘들지만, 그래도 나주에 카페가 많이 생겨야 한다고 생각해요. 나주 가면 좋은 카페들이 많다는 이미지가 생기면 더 많은 사람들이 나주로 올 거 아닙니까."

맞는 말이다. 나주에 매력적인 카페, 레스토랑, 갤러리가 많아지면 많은 사람들이 나주를 찾을 것이다. 인근 도시만이 아니라 전국에서 올 것이다. 이날 마신 미스박커피의 블루베리 주스. 아주 딜리셔스한 블루베리였다.

케어팜을
아시나요

나주시 봉황면 욱곡리에 있는 봉황공동체학교 교장 겸 돌봄치유농장 케어팜Care Farm '더욱'의 대표 최현삼 씨(56). 서울의 고등학교에서 이십 년 넘게 교편을 잡았다. 어느 날 어머니와 아버지에게 거의 동시에 치매가 발병했다. 가까운 곳에 살고 있는 자식들도 있지만 스물네 시간 부모님을 돌볼 수 있는 형편은 못됐다. 그래서 명퇴를 결심했다. 정년이 십년 가까이 남아 있는 상태에서 말처럼 쉬운 일이 아니었다.

"학교에서도 학생복지 관련 일을 했어요. 어려운 학생들을 보살피면서 사회복지에 관심을 갖게 되었구요. 노인복지에 관심이 생겨 사회복지사 자격증도 땄습니다. 그러면서 케어팜에 관심이 생겨 공부했습니다."

케어파밍care farming 또는 사회적 농업이란. '사회적 약자이면서 경제 활동을 하지 못하는 사람들에게 농업과 농촌을 기반으로 한 사업을 통해 일자리를 제공하고 스스로 자립할 수 있도록 도와주는 것, 장애인 노

최현삼 대표는 어머니집 담벼락에 벽화를 그리고 '돌봄치유농장 케어팜 더욱'이라고 크게 썼다.

인 등 돌봄이 필요한 이들에게 농산물을 재배하거나 가축을 키우는 일에 참여하도록 함으로써 재활과 치료에 도움을 주고 인간으로서의 존엄을 지키며 살아갈 수 있도록 도와주는 농업 활동'이라고 정의할 수 있다. 키워드는 농업과 농촌이다.

케어팜을 공부하고 있던 최현삼 씨가 부모님께 치매가 발병했을 때 귀향을 떠올린 것은 자연스러운 일이었다.

"요양원을 하고 싶었어요. 그냥 노인들을 수용해두고 있는 요양원이 아니라 채소도 심고 나무도 가꾸고 과일도 수확하고 가축도 돌보면서 몸을 움직이고 정신도 건강하게 유지할 수 있는 그런 요양원. 농업활동을 치료에 활용하는 것, 네덜란드가 앞서가고 있어요."

그러나 새로운 개념의 요양원을 만들고, 거기에 부모님을 모시고 싶다는 꿈은 보류해야 했다. 어머니가 한사코 요양원에는 가지 않겠다고 거부하셨기 때문이다.

"요양원에 대한 선입견 때문이죠. 들어가면 죽어서야 나오는 곳이라는. 아직은 경증 단계이니 동네 사람들 하고 만나서 놀고 얘기하고 하시는 게 즐겁기도 하고요. 평생 유지해온 사회적 관계에서 단절되어 고립된다는 공포감도 있으실 테고요."

경증 치매를 앓고 있는 어머니는 올해 여든아홉이시다. 아버지는 작년에 돌아가셨다. 치매에 신경쓰느라 정작 암을 앓고 계신 걸 너무 늦게 알았다.

욱실마을에는 총 37가구 43명의 주민이 산다. 등록된 숫자는 75가구다. 주소지를 이곳에 두지 않으면 농촌가구에 주어지는 혜택을 받지 못하기 때문에 30여 가구는 광주 나주 영산포 등지에 살면서 필요할 때 와서 농사일을 하고 쉬었다 간다. 주민 대부분이 고령인 마을. 가장 큰 문제는 의료와 교통이다. 아예 중증인 경우는 요양원이나 요양병원에 모시면 되지만, 어머니처럼 경증인 경우가 문제다. 도시에 사는 자식 집으로도 가기 싫고 요양원으로도 가기 싫다. 결국 살던 마을에 살면서 사회적 관계도 유지하고 심신 건강도 지키는 방법이 필요하다. 최현삼 대표가 '케어팜 더욱'을 설립한 까닭이다. 욱실마을의 욱자에 더를 더해 지었다. 영어로는 'The 욱'. 절묘하다.

"평생 맺어온 사회적 관계를 유지하며 복지케어가 가능한 시스템이 필요합니다. 영국과 일본은 의료기관이 중심이 된 커뮤니티 케어(공동체 돌봄)가 정착했어요. 우리 현실에선 어렵습니다. 마을에 병원을 세울 수도 없고, 의사들도 없고. 정부는 왕진 의사 얘기를 하지만, 의사들의 반대가 강력합니다. 수가酬價 문제가 가장 큽니다."

욱실마을 노인들이 물리치료나 통증치료를 받으려면 영산포나 면 소재지로 가야 하는데, 마을에서 버스정거장까지 3키로. 걸어서 나가기 힘들어 택시를 불러야 한다. 나주시가 지급해주는 한 달 일 인당 넉 장의 택시쿠폰으로는 턱없이 부족하다. 면 소재지까지 나가면 한 장, 영산포까지 나가면 두 장, 나주까지 가면 석 장을 줘야 한다. 보통 일주일에 두세 번은 가야 한다. 일정 연령 이상의 노인이면 일괄적으로 넉 장을 지급 받는데 사는 곳에 따라 전혀 쓸 필요가 없는 노인들도 있다. 그렇다면 혹시 지역 내 학교가 보유하고 있는 통학버스를 활용하는 방안은 없을까.

"봉황초등학교에 통학버스가 있는데 등·하교 시 또는 체험학습 나갈 때 외에는 놀고 있는 시간이 많지요. 하지만 마을 노인들의 나들이를 위해 사용하는 건 쉽지 않습니다. 지자체와 교육기관 간 협조가 어렵고요, 관할 부서간 협업도 안 됩니다. 문제가 불거졌을 때 책임소재가 확실치 않은 것이 가장 큰 장애죠. 지역사회 통합돌봄이 어려운 이유입니다."

"마을에 케어팜이 하나씩 생겨야 합니다. 병원에 갈 일이 있으면 케어팜 소유 차량으로 모시고 가면 됩니다. 케어팜은 재활과 치료에 도움이 됩니다…. 사회적 약자들에게 일자리를 제공하는 데 중점을 두는 사회적 농업은 이탈리아가, 농업을 통한 재활과 치료에 방점이 있는 케어팜은 네덜란드가 앞서가고 있습니다."

"우리 정부도 사회적 농업을 강조하며 각종 지원사업을 펼치고 있습니다만 복지부, 농림축산식품부 등 정부 부처들이 시행하는 정책이 제각각이라 체계적 통합적으로 관리가 안 되고 있고 중복되는 경우도 있

최현삼 대표는 어머니집 앞에 케어팜용으로 사용할 비닐하우스 네 동을 지었다. 나이 들어 농사일을 하기 힘든 동네 주민 밭을 빌렸다.

다는 겁니다."

"서비스는 결코 적지 않은데 정보가 없거나, 서류 작성 능력이 없으면 이용하기 쉽지 않습니다. 정작 가장 필요한 개인이 서비스를 이용할 수 없는 것이지요. 여러 부처에 분산돼있는 예산들을 통합 운영할 필요가 있습니다. 총리실에 부처간 협업을 담당하는 부서가 있지만 별 소용이 없습니다. 청와대 근무한 경력이 있는 지역 정치인에게 이런 문제를 어떻게 해결할 수 없느냐 물었더니 절대 불가능하답니다. 정부부처간 협업이 생각처럼 쉽지 않다는 겁니다."

봉황공동체학교 교장이자 케이팜 더욱의 최현삼 대표. 몸으로 부딪히며 겪은 현실에 대해 하고 싶은 말이 많다. 서비스 대상자인 국민들의 입장에서는 불합리한 일들이 시정되지 않고 계속된다. 고객 중심 사고는 민간기업에서는 생존을 좌우하는 당연한 것이 되었지만, 정부의 서

최현삼 대표는 어머니 집의 방 한 칸에 나주시 공공도서관에서 폐기한 어린이용 책들을 가져다 놓고 독서관련 이벤트 등을 한다.

비스는 아직도 갈 길이 먼 듯하다.

　최현삼 대표는 어머니 집 앞에 케어팜용으로 사용할 비닐하우스 네 동을 지었다. 나이 들어 농사일을 하기 힘든 동네 주민 밭을 빌렸다. 세 동에는 고추, 새싹인삼 등을 심어 치유농업 등을 위한 체험장소로 활용하고, 한 동은 마을 어르신들의 놀이·오락·체육활동 등을 위한 공간으로 사용할 예정이다. 어머니 집의 방 한 칸에는 나주시의 공공도서관에서 폐기한 어린이용 책들을 가져다 놨다. 독서관련 이벤트 등을 하기 위해서다. 최 대표는 또 정부(농림축산식품부)에 '케어팜 더욱'에 대한 지원을 신청할 생각이다. 시설을 설치하기 전, 기획 단계에서 지원해주면 좋겠지만 그런 식의 정부 지원은 없다. 신청할 때 이미 구체적으로 사업을 진행하고 있어야 한다. 자기 돈이 없으면 할 수 없는 일이다. 최근 최 대표는 어머니집 담벼락에 벽화를 그렸다. 담벼락 좌우 끄트머리에는 '봉황공동체학교와 돌봄치유농장 케어팜 더욱'이라고 크게 썼다. 그 사이에 욱실마을의 모든 집을 포함한 지도를 그리고 있다. 마을에서 떨어져 있는 외딴 집까지 빼놓지 않은 그림이다.

사회적 농업 혹은 케어파밍. 선진국들에서는 이미 활발하게 시행되고 있고 우리 정부도 100대 국정과제에 포함시켜 힘을 쏟고 있다. 이탈리아나 네덜란드에 비하면 뒤쳐져 있고 여러 가지 풀어야 할 현실적인 문제들이 있지만 최현삼 대표처럼 몸으로 부딪히며 길을 찾는 이들이 늘고 있으니 앞날이 어둡지 않다. 사회적 약자들을 위한 복지의 그물망도 누구 하나 소외되는 사람 없이 튼튼하고 촘촘하게 짜야 한다. 나라의 자원과 시민의 역량을 동원해 시너지효과를 내야 한다. 중앙정부만이 아니라 지방정부의 관심과 지원이 필요한 까닭이다.

신神이 함께 하시는
송월동 카페 이디엘

영산포 홍어 거리에서 여럿이 이른 저녁을 먹었다. 임팩트가 가장 강렬한 것은 역시 암모니아폭탄 홍어튀김이었다. 그런데

"우리 동네 제일 높은 곳에 카페가 생겼어요. 한참 됐는데 아직 못 가 봤네요."

일행 중 한 명이 말했다. 새로 생긴 카페? 호기심이 발동한다. 개성 있는 카페, 스토리가 있는 카페, 옛 건물을 재생한 카페… 구경하는 걸 좋아한다. 얻을 아이디어들이 있다. 식사를 끝내고 영산강을 건너 송월 동으로 갔다. 13번 국도 예향로를 타고 나주시청 사거리를 지나 나주문 화예술회관으로 가는 도중, 왼쪽에 전라남도종합사격장으로 가는 길로 핸들을 꺾는다. 도로명=사격장길. 조금 올라 가니 송월동 높은 언덕 위 에 카페 이디엘Ithiel 이 보인다. 가파른 산 자락을 깎아 터를 닦고 요즘 흔 히 보는 스타일로 제법 큰 건물을 지었다. 도로 가에 높이 축대를 쌓고 그 위에 평평하고 너른 주차장을 만들었다. 둘러친 펜스의 기둥들마다

송월동 높은 언덕 위에 우뚝 자리한 카페 이디엘. 카페가 내려다보는 방향으로 시선을 돌리니 나주 원도심, 영산강을 가로질러 혁신도시로 가는 빛가람대교, 그 뒷편으로 혁신도시가 보인다.

노란 빛을 발하는 전등이 얹혀 있다. 카페가 내려다보는 방향으로 시선을 돌리니 나주 원도심, 영산강을 가로질러 혁신도시로 가는 빛가람대교, 그 뒷편으로 혁신도시가 보인다. 파노라마처럼 펼쳐지는 뷰에 눈이 시원하다. 기막히게 전망이 좋은 곳에 자리를 잡았다.

　파란 잔디가 깔린 경사진 마당 한 켠에 카페로 올라가는 나무 데크가 있고, 마당에는 화려한 색깔로 칠한 의자들이 놓여 있다. 화분을 실은 자전거, 자그마한 풍차, 하얀 철제 장식품들, 철제 테이블과 의자들. 서양풍이다. 카페 안으로 들어가니 사방이 유리창이라 환하다. 서양풍 인테리어는 적절하고 예쁘다. 특히 여성들이 좋아할 것 같다. 주방과 홀을 가르는 벽의 장. 꽃잎이 가득 담긴 유리병들이 진열돼 있다. 2층으로 올라간다. 테이블 하나에 가족으로 보이는 손님들이 앉아 있다. 바깥 베란다로 나간다. 우와와… 탄성이 나온다. 주차장에서 봤을 때도 인상적이었던 뷰가 더 높은 곳에서 보니 훨씬 더 장관이다.

"주인 계신가요? 몇 마디 여쭤보고 싶은 게 있어서."

주방에서 일하는 청년에게 음료수를 시키며 부탁한다.

카페 주인 이수진 씨. 인사를 하는데 "지난번에 뵈었잖아요" 한다. 그러고 보니 낯이 익다. 마스크를 써서 쉽게 알아보기 어려웠는데, 기억을 더듬으니 '1989삼영동커피집' 오너이자 바리스타인 김지니 씨들이랑 같이 담소했던 기억이 난다. 영산포에서 태어나 영산포초,중고를 다닌 영산포 터줏대감이다. 직장생활을 하다 결혼한지 21년이 됐다. 아이들을 늦게 봐 초등학교 다니는 딸이 둘 있다. 남편은 농기계를 제작하는 사업을 한다. 나주와 광주에 공장이 있다.

"예쁜 카페를 하고 싶었어요."

송월동 높은 곳에 있는 밭과 산을 샀다. 대지로 전환한 땅이 650평이다. 땅을 고르고 건물을 짓는데 1년이 걸렸다. 옆에 딸린 2천 평쯤 되는 산도 샀다. 카페 손님들이 쉽게 숲속을 걸을 수 있도록 길을 내고 있다.

"설계는 남편이 했어요. 바깥을 꾸미는 건 남편이, 인테리어는 제가 했어요. 가구 장식품은 여기 저기 발품을 팔아 구해왔고요."

가구, 그릇, 장식, 전등 등이 어우러져 자아내는 카페의 분위기는 결국 오너의 취향과 기호가 만들어내는 것이다. 혁신도시에 있는 북카페 '릴케의 정원'이 이선미 대표의 작품이듯 카페 이디엘은 이수진 대표의 작품이다.

"저기 진열된 병에 담긴 꽃잎들은 꽃차인가요?"

"네. 구례에 꽃차 명인이 있어요. 그분이 만든 꽃차들이에요."

지금은 병에 담아 진열만 해놓고 있는데, 손님들의 반응을 보고 카페

카페 이디엘은 이수진 씨의 남편이 설계와 카페 바깥을 꾸미는 일을 맡았고 인테리어는 이수진 씨가 맡았다.

에서 팔 생각도 있단다.

영업시간은 오전 열시 반부터 밤 열시까지. 준비하고 마무리하는 시간까지 합하면 하루에 열 두시간 이상 일해야 하는 고된 노동. 일은 주로 이수진 씨와 매니저 한 명이 한다. 부족한 일손은 알바생을 쓴다. 무슨 일이든 겉으로 보는 것과 실상은 큰 차이가 있다.

"카페 이름이 특이한데 무슨 뜻인가요?"

"이디엘은 '하나님이 나와 함께 하신다'는 뜻이에요. 잠언 30장에 나와요."

집에 돌아와 구글링을 했다. 잠언 30장 1절.

> 이 말씀은 야게Jakeh의 아들 아굴Agur의 잠언이니
>
> 그가 이디엘, 곧 이디엘과 우갈Ithiel and Ucal에게 이른 것이니라.

'이디엘'은 신탁을 받은 마싸 사람 야게의 아들로 고대 히브리인이다. '신이 나와 함께 하신다with me is God'는 뜻을 갖고 있다. 내친김에 잠언 30장을 읽는다. 아굴의 시대나 지금이나 똑같이 들어맞는 말씀들이 가슴에 담긴다.

…거짓됨과 거짓말을 내게서 멀리 하소서. 가난도 부유함도 주지 마시고 오로지 일용할 양식만 주소서. 그렇지 않고, 내가 너무 많은 걸 가지면 당신을 무시하여 "주님이라니, 누구여?" 하고 말할지도 모릅니다. 혹은 가난하여 도둑질을 하면 주님의 이름을 더럽힐 수도 있습니다.

이런 자들이 있습니다… 자기는 깨끗하다고 여기지만 더러운 것을 씻어내지 못한 자들, 교만한 눈과 깔보는 시선을 가진 자들, 이빨은 장검이고 턱에는 칼들이 박힌 자들, 가난하고 궁핍한 사람들 것을 빼앗아 먹는 자들….

기독교인은 아니지만 성경 말씀은 좋아한다. 어릴 적 나주교회를 다녔다. 크리스마스 한 시즌만이긴 했지만. 성경 구절을 암송하면 목사님이 사탕과 성탄카드를 주셨다. 그걸 타고 싶어 크리스마스가 다가오면 열심히 교회에 갔다. 사탕은 그렇게 맛있을 수 없었고, 반짝이는 크리스마드 카드는 그렇게 예쁠 수 없었다. 사내아이치고는 감성적이었다. 나이가 든 지금도 마찬가지라서 '무슨 남자가 그리 눈물이 많으냐'고 아내한테 핀잔을 듣는다. 각설하고, 송월동 높은 언덕 위에 우뚝 자리한 카페 이디엘. 생긴 지 반년도 안됐고 따로 광고를 하지 않아도 손님들 스스로 SNS를 통해 알려주고, 알고 찾아온다. 오늘 점심 후 커피 한 잔은 카페 이디엘이 어떠실지. 멀리 내려다보이는 시원한 뷰에 가슴이 뻥 뚫릴 것이고, 신이 나와 함께 있는 듯한 기분을 느낄 수 있지 않을까.

인생의 8할은 운, 행로가 바뀌다

지점장은 더 이상 만류하지 않았다. 은행원으로 재직한 기간은 아마 너댓 달쯤 될 것이다. 지점장과 동료들의 얼굴과 이름은 전혀 기억나지 않는다.

어린 시절 암기력 하나는 좋았는데 나이가 들면서 기억력이 현저히 나빠졌다. 대학 시절 미팅한 파트너 여학생들 이름까지 줄줄이 기억하고 있는 친구도 있는데, 나는 꼭 기억해야 할 것들까지 금새 잊어버리니 큰일이다.

1982년. 외대 통역대학원에 4기로 입학했다. 말이 대학원이지 고등학교 같았다. 수업 시간이 고교 때만큼 많았고 교육은 이론보다 실기 위주였다. 1학기를 마치고 이화동사무소에서 방위병으로 근무했다. 예비군 소집 통지서를 전달하러 산동네를 누비고 다녔다.

병역을 마치고 복학한 후, 1년 후배인 5기생들과 함께 공부했다. 모두들 서너 명씩 스터디그룹을 만들어 연습했다. 통번역이라는 게 한쪽 언어만 잘 해서 되는 일이 아니다. 양쪽 언어를 잘 해야 하고, 기본적으로 외국어를 모국어로 옮기는 것이 원칙이다. 하나의 단어를 맥락에 따라 수많은 다른 단어로 바꾸어야 하기 때문이다.

또 양쪽 언어를 잘 한다고 통역을 잘하는 것이 아니다. 통역은 기술이다. 특히 한쪽 귀로 들으면서 동시에 말을 해야 하는 동시통역은 되풀이 연습해야만 가능해지는 스킬이다. 외국어에 자신 있는 사람이라면 한 번 실험해보시라. 듣는데 집중하면 말이 안 나오고 말을 하면 들리지 않는다.

고도의 집중력을 요하는 동시통역을 하면 얼마 못가서 뇌가 한계에 달한다. 국제회의 통역 부스 하나에 두 사람이 들어가는 이유다. 수시로 순서를 바꾸어야 한다. 까다로운 단어나 숫자는 쉬고 있는 파트너가 적어서 보여주거나 해야 한다.

〈송일준 PD 제주도 한 달 살기〉에도 썼지만, 한중일PD포럼을 중국에서 할 때는 꼭 통역이 엉망이었다. 한국말 잘 한다는 조선족 동포들에게 동시통역을 시켰기 때문이다. 동시통역을 배운 적도 없고, 방송 용어도 모르니, 통역은 반의반도 제대로 되지 않았다. 중국에서 개최할 때마다 그랬다. 아무리 지적해도 고쳐지지 않았다.

국제회의 통역은 제대로 훈련받은 일급 통역사들을 제 값 주고 써야 한다. 싸다고 대충 외국어 좀 한다는 이들에게 통역을 시켰다가는 회의는 회의대로 망치고, 국제적 망신을 사게 돼 있다.

통역대학원 2년 동안 같은 스터디그룹 멤버들과 공부했다. 졸업 후 신○○은 외국 유학을 거쳐 경희대학교 국제대학원 교수가 되었고, 임○○은 동시통역과 번역 일을 했다.

졸업 후 나도 필드에서 직접 뛰며 통역사 일을 경험해보고 싶었으나 단념했다. 졸업을 앞둔 1984년 말, 결혼 날짜를 받아놓았다. 결혼식 주례는 으레 신랑신부의 학력과 직장을 줄줄이 읊었다. 당시만 해도 남자 통역사는 드물었다. 프리랜서로 일하는 통역사가 뭔지 아는 사람은 드물었다. 번듯한 직장이 필요했다.

오래 전부터 장차 직업을 가진다면 기자가 되고 싶었다. 기자가 되는 데 필요한 책들을 사서 읽었다.

1984년 가을, MBC 사원 모집 공고가 떴다. 연시에 이은 두 번째 채용이었다. 한 해 두 번의 채용. 1986년 서울아시안게임과 1988년 서울올림픽을 앞두고 방송사는 많은 인력이 필요했다.

1984년 12월 15일, MBC PD로 입사했는데, 전혀 생각지 않았던 방향 전환이었다. 원래 기자가 되고 싶었으니 입사지원서 희망 직종란에 당연히 기자라고 적었다. 원서 접수일. 운명이 장난칠 준비를 하고 기다리고 있었다.

희망 직종란에 기자라고 쓴 원서를 들고 지은 지 얼마 안 되는 여의도 MBC 사옥으로 갔다. 접수 창구 앞.

"일준아!"

등 뒤에서 낮고 굵은 목소리가 들렸다. 덕수중학교 야간부와 양정고등학교를 같이 다닌 친구였다. 오랜만의 해후였다. 진학한 대학이 서로 달랐기 때문에 자주 만나지 못했다.

"너도 MBC 시험 볼라고?"

"응."

"직종은?"

"기자?"

"뭐? 기자? 얌마, 무슨 기자 시험을 봐."

"왜?"

"방송 기자가 기자냐?"

"……"

"방송 기자는 전두환 개지, 기자가 아니여."

뜬금없는 강력한 태클에 당황하지 않을 수 없었다.

나중에 보니 군사독재 시절 방송사 기자나 피디나, 권력의 하수인인 것은 마찬가지였다. 다만 기자들이 국민들의 눈총을 더 많이 받았다. 화면 뒤에 숨어서 일하는 피디들*과 달리 기자들은 텔레비전에 얼굴을 드러내고 리포팅을 해야 했기 때문이다.

친구가 그런 말을 하기 전, 실은 기자를 지원하면서 조금 켕기기는 했다. 1980년대, 방송뉴스의 신뢰도는 바닥이었다. 국민들은 방송뉴스를 땡전뉴스라 부르며 조롱하고 있었다. 뚜뚜뚜! 하는 시보와 함께, 9시 뉴스데스크는 언제나 "전두환 대통령은…. 으로 시작했다. 신문은 좀 낫게 보였다.

하지만 신문의 영향력은 갈수록 떨어지고 있었고 뉴미디어인 텔레비전의 영향력과 인기는 갈수록 높아지고 있었다. 미래를 생각하면 직장은 당연히 방송사였다. 기자 이외의 직종은 생각해본 적이 없었다.

그런데, 친구의 말이 가슴을 찔렀다.

---

* 피디들이 화면에 등장하기 시작한 것은 KBS의 추적 60분, MBC 피디수첩 같은 고발프로그램이 편성되면서부터였다.

방송사에 내가 할 수 있는 게 기자 말고 뭐가 있지? 고민하고 있는데 친구가 또 굵은 목소리로 말했다.

"야, 방송사에서 일하고 싶으면 피디를 해야지."

"피디?"

"방송사에서는 피디가 왕이야. 뉴스 빼고 모든 프로그램을 만드는 게 피디잖아."

기자 말고는 생각해보지 않았으니 피디에 대해서도 전혀 생각해본 적이 없었다.

"야, 기자 아니어도 할 거 많아. 드라마나 코미디, 음악 같은 거 말고도 장학퀴즈 같은 교양프로그램들도 있잖아. 기자 하는 거 비슷한 프로그램, 그런 거 하면 돼."

내 성향이 오락보다는 시사나 교양 쪽이라는 걸 아는 친구는 드라마나 예능 아니어도 다른 프로그램이 많다고 강조했다. 설득력 있는 친구의 말이 솔깃했다. 대머리 전두환의 얼굴이 어른거렸다.

"그래! 그럼 피디로 바꾸자."

내게 피디를 권한 친구, 또 한 명의 고등학교 동기생, 그리고 나. 셋이 한 교실에서 필기시험을 봤다. 상식, 영어는 쉬웠다. 통역대학원에서 2년을 매일 영어신문을 갖고 공부했으니 영어와 상식은 식은 죽 먹기였다. 작문이 좀 애매했다. 주제는 '낙엽'이었던 것으로 기억한다.

유려하고 센티멘털한 글을 쓰고 싶은 마음은 없었다. 그런 글은 또 너무 뻔해서 외려 좋은 평가를 받기 어렵지 않을까 하는 생각이 들기도 했다. 창의력 을 중시하는 방송사 피디를 뽑는 건데. 떨어져 뒹구는 낙엽을 보면 억울하게 스러져간 죽음들이 떠오른다, 운운하는 우울한 글을 썼다고 기억한다..

시험이 끝나고 작문 때문에 떨어질 수도 있겠다 걱정했다. 전두환 군사독재정권 시절이었다.

결과는? 한 교실에서 앞뒤로 연달아 앉은 우리들 셋 모두 필기시험을 통과했다. 걱정했던 작문도 합격점을 받았단 얘기였다. 작문 채점은 회사의 피디 선배들이 했다. 아무리 엄혹한 군사독재시절이었을지라도 피디들에겐 자유분방한 기질이 있었다. 모르긴 해도 내 작문 정도를 문제라고 여기진 않았을 것이다.

다음은 면접이었다. 거의 피디 수준으로 콘텐츠 제작 능력을 갖춘 요즘 수험생들 하고는 비교할 수 없겠지만, 그래도 다른 수험생들은 피디를 목표로 공부해왔을 터였다. 입사 후 하고 싶은 프로그램도 분명했을 것이다. 나는 피디가 하는 일이 구체적으로 뭔지 잘 모르고 있었다.

나와 내게 피디를 권한 친구는 교양 피디를 원했고, 다른 한 친구는 예능 피디가 되고 싶어 했다. 세 명이 연달아 면접을 봤다.

내게 피디를 권한 친구는 싱글벙글 얼굴 가득 웃음이었다. 예상했던 질문들이어서 술술 막힘없이 답변했단다. 내 얼굴은 어두웠다. 왜 피디가 되려고 하느냐는 질문은 예상대로였지만, 다른 질문들은 아니었다.

정확한 워딩은 기억나지 않지만 질문들은 도발적이었고, 나는 강한 목소리로 답했다. 면접을 끝내고 나오면서 불쾌한 기분이 사라지지 않았다.

'나랑 MBC는 인연이 없는 모양이구나.'

내게 피디를 권한 친구는 나를 위로했다. 속으로 생각했다. '괜히 이놈 말 들어갔고. 원래대로 기자를 지원할 걸!'

합격발표일. 결과가 의외였다. 예능 피디를 원하는 친구와 교양 피디가 되고 싶다는 나는 합격했는데, 면접을 잘 봤다고 득의양양했던 친구는 떨어졌다. 도대체 뭐지?

혹시 86아시안게임, 88올림픽을 앞두고 영어를 잘하는 지원자에게 준다는 가산점이 도움이 된 건가?

방송사 생활을 한참 하고난 후 생각해보니 알 수 있을 것 같았다. 내가 면접자였다면 누굴 뽑았을까.

판에 박힌 대답을 하는 사람보다는 개성이 있고 자기주장이 확실한 사람을 더 좋아했을 것이다. 전두환 군사독재시절이었는데도 MBC는 그런 지원자를 뽑았다. 5.18광주항쟁에 동정적이고 전두환 반란군에게 비판적인 발언을 하기만 해도 목이 잘리던 때가 불과 몇 년 전이었는데도, 그랬다.

지상파 전성시대. MBC는 좋은 드라마와 예능 프로그램, 다큐멘터리를 끊임없이 만들어내면서 국민들이 가장 좋아하고 신뢰하는 방송사로서 부동의 위치를 차지했다. MBC에는 톡톡 튀는 개성 있는 피디들과 자기 주관이 뚜렷하고 의식 있는 피디들이 많았다. MBC가 오랫동안 드라마왕국, 보도왕국으로 군림할 수 있었던 까닭이다.

MBC 입사 시험은 다른 곳과 달랐다. 대학생들이 가장 가고 싶어 하는 방송사였다. MBC는 인재들의 집합소였다. 피디 기자 아나운서. 모두 방송계 최고였다.

기자가 되고 싶었던 나는 얼떨결에 MBC피디가 되었다. 내게 피디를 하라고 권했던 친구는 어찌 되었느냐고?

운명의 PD수첩

내 인생 행로를 기자에서 피디로 바꾼 친구는? 기자가 됐다.

피디가 되고 싶어 했지만 MBC에 입사하지 못했다. 전문지 기자로 시작해 종합지 기자로 전직하더니 IMF 경제위기 때 퇴사하고 미국으로 건너가 인터넷 매체를 설립해 잘 운영하다 닷컴버블이 꺼지면서 사업을 접고 귀국했다. 그 후 오랫동안 연락이 끊겼다.

친구 때문에 졸지에 피디가 된 나는 교양제작국 '차인태의 출발 새 아침'에서 조연출로 일했다. 며칠에 한 번은 집에 들어가지 못할 정도로 바빴다. 아들이 태어나던 날. 방송일 전날이었기 때문에 편집실을 떠날 수 없었다. 다음 날 방송이 끝나고 나서 병원으로 달려갔다. 그때는 그게 당연한 줄 알았다.

나중에 그 얘기를 했더니 어떤 동료가 말했다.

"야, 그 선배 누구야. 아내가 병원에서 출산을 하고 있는데도 가보라고 하지 않았단 말야? 자기가 한 꼭지 더 편집하면 되지."

출발 새 아침, 이야기 좀 합시다, 인간시대 등 여러 프로그램에서 AD 로 일했다.

선배들 눈치 보랴, 허드렛일 하랴, 가끔 짜증이 났다. 입사 후 얼마 안 가 마이크를 잡고 리포팅을 하는 기자 동기들을 보면 부러웠다.

"그냥 기자로 지원할걸. 괜히 그 녀석 말 들어가지고."

직종 잘못 선택한 거 아닌가 하는 고민은 피디로 승격*하고 나서 사라 졌다.

2년 만에 피디로 승격한 동기들도 있었지만 나는 만 3년 만에 피디가 되었다.

1987년 6월 항쟁. 전두환이 친구 노태우에게 대통령 자리를 물려주 었으나 뜻대로 되지 않았다. 노태우는 체육관선거가 아니라 국민들의 직접 선거로 대통령이 되었다. 여전히 군사정권이었지만 도도한 민주 화의 물결을 거스를 수 없었다.

MBC에도 민주화가 시작되었다. 방송민주화추진위원회가 결성되었 고 노동조합으로 발전했다.

노동조합은 권력과 경영진의 부당한 간섭에 맞서 싸웠다. 숱하게 파 업을 했지만 MBC 노조는 한 번도 임금이나 복지 같은 걸 이유로 파업

---

* 승격. 방송가에서는 흔히 입봉이라고한다. 일본말이다. 입폰다치一本立ち에서 왔다고 본다. 혼本은 길고 가느다란 걸 세는 단위다. 한 그루(자루) 나무(연필) = 一本の木、鉛筆。一本은 이치혼이라고 읽지 않고 입 폰이라고 읽는다. 立ち(다치)는 立つ(다츠)의 명사형이다. 立つ(다츠)의 어원은 한국말 돋다의 '돋'이라고 여 겨진다. 가령, 해를 일본말로 히日라고 하니 해돋이는 히다치日立다. 얘기가 곁길로 새지만 아침의 옛말은 아사(아사달=아침들이란 뜻)다. 아침해=아사해=아사히朝日다. 아사히는 그냥 우리말이다. 아사히신문, 아사 히맥주. 一本立ち는 한 그루 나무처럼 혼자 선다(독립한다)는 뜻이다. 이 말을 사용하는 사람들 대부분, 뜻을 모른다. 그냥 습관적으로 쓴다. 방송가에는 어원도 뜻도 모르고 쓰는 일본식 용어들이 많다. 특히 기술, 미 술 쪽에 많은 것 같다. AD에서 PD로 올라가는 것. 입봉 대신 승격으로 쓰면 좋을 것이다.

한 적이 없다. 모든 파업은 방송에 대한 부당한 간섭, 제작 자율성을 침해하는 데 대한 저항이었다. MBC가 어느 방송사보다 자유롭고 기자 피디들의 자율성이 보장된 언론사가 될 수 있었던 것은 노동조합 덕이다.

1990년 5월, 피디들의 끈질긴 요구에 회사가 응답했다. 사회고발프로그램 피디수첩이 신설되었다. 이연헌 선배(수사반장과 전원일기를 연출한 드라마 피디 출신으로 MBC 교양제작국장을 역임)에 의하면 처음 경영진은 고발 프로그램 신설에 부정적이었다고 한다. 국장은 사회 이슈를 본격적으로 다루는 게 아니라 취재 수첩에 적힌 화제성 낙수거리를 가볍게 다루는 프로그램이니 크게 걱정할 필요가 없다고 경영진을 설득했단다. 그래서인지 초창기 피디수첩은 작은 꼭지 네댓 개로 구성된 매거진 같은 프로그램이었다.

인간시대를 연출하고 있던 나는 그 해 10월 가을 개편을 맞아 피디수첩으로 옮겼다. 가을개편을 계기로 피디수첩은 매거진 스타일에서 탈피하여 두 개의 아이템만을 심층적으로 다루는 포맷으로 바뀌었다. 사상 처음 피디가 진행자로 나섰는데 나도 진행자가 있어야 한다고 주장했다. 초대 진행자는 고장석, 2대 진행자는 김상옥 선배였다. 나는 몇 년간 취재 피디로 일한 후 세 번째로 진행을 맡았다.

이후 누구보다 오래 피디수첩 진행자로 일했다. 피디저널리즘을 개척했고, 확립하는데 기여했다. 지상파 전성시대, 피디수첩 전성시대에 일할 수 있었던 것을 행운으로 생각한다. 언젠가 한 선배가 농담을 했다.

"진행자 되고 싶어서 그렇게 강력하게 피디수첩에도 진행자가 있어야 한다고 주장했던 거 아냐?"

승승장구까지는 아니어도 시사교양 피디로서 비교적 잘 나갔다. 평

사원으로 국제협력팀장을 맡았다. 2000년. 전세계 유수한 방송사들이 참여하는 밀레니엄방송에 MBC가 일원으로 참가할 수 있도록 했다. 제휴방송사인 일본 후지테레비와 소원해진 관계를 복원하기 위해 매년 정기적으로 개최하는 국장급 회의를 제안해 실현시켰다. 각종 해외 방송행사에 적극 참여하여 MBC를 알렸다.

1997년, 일본 게이오대학교에서 방문연구원으로 1년 간 일본방송을 공부했다. 이듬 해 귀국하여 '일본의 테레비'라는 책을 나남출판사에서 펴냈다. 1999년 다시 일본으로 갔다. 초대 도쿄 PD특파원으로 만 3년 간 영일 없이 일했다. 매주 한 번 화제집중에 7~10분짜리 아이템을 하나씩 방송했다.

도쿄 신오쿠보역에서 이수현군이 목숨을 잃은 다음날 이른 아침. 도쿄에 오랜만에 내린 폭설을 뚫고 이수현군의 빈소가 마련된 일본어학교로 달려갔다. 술에 취해 선로에 떨어진 일본인을 구하기 위해 뛰어들었다 목숨을 잃은 사람이 있다는 밤 뉴스를 보고 '한국인일 수 있겠다'고 도쿄 지국에서 일하던 재일동포 직원이 내게 말했다. 신오쿠보역 근처는 한국식당과 술집들이 많고 한국인들이 많이 모여 사는 곳이었기 때문이었다.

사건의 전모, 이수현군의 도쿄생활, 지인들이 본 이수현 등을 취재해 특집 프로그램을 만들었다.

화제집중 시간을 통으로 터서 이수현군의 살신성인 스토리와 일본사회의 반응을 전했다.

2002년 한일공동월드컵을 도쿄 현지에서 취재해 방송했다. 누구보다 많은 양의 콘텐츠를 누구보다 빨리 한국에 전했다. 지금은 신기루처럼 사라졌지만, 당시 한국과 일본의 관계는 사상 최고로 우호적이었다.

월드컵을 앞두고 한국과 드라마를 공동제작하고 싶다는 일본 도쿄방송(TBS)의 제안을 서울에 중개했다.

일본말이 줄줄 흘러나오는 드라마를 만들어 방송한다는 사실이 여전히 부담스러운 시대였던지라, 본사는 좀 그렇고 자회사에서 만들면 되지 않겠느냐 생각해 MBC 프로덕션 사장이었던 이긍희 선배에게 연락했다. 도쿄방송이 KBS에 먼저 제안했다 거절당했다는 사실을 알고 있었지만, 나는 MBC가 치고 나가야 한다고 생각했다. 월드컵 공동개최를 앞두고 있는 마당에 걱정할 게 뭐 있느냐는 말에 선배도 동의했다.

한일공동제작 드라마 '프렌즈'가 한국과 일본 양국에서 동시에 전파를 탔다. 원빈과 후카다 쿄코가 주연인 멜로 드라마는 대박은 아니었지만 중박 정도는 되었다. 방송 후, 원빈은 일본의 젊은 여자들 사이에서 화제가 되었고 인기를 얻었다. 나중에 겨울연가가 일본 NHK에서 방송돼 한류드라마 붐을 일으켰고 큰돈을 벌어줬지만, 그 서곡은 한국MBC와 일본TBS 공동제작 2부작 드라마 '프렌즈'였다.

귀국 후 아침방송, 피디수첩 책임 피디와 진행자 등을 거쳐 외주제작센터장을 역임했다.

2007년 다시 피디수첩을 맡았다. 야당 경선에서 이명박과 박근혜가 맞붙고, 본선에서 정동영과 이명박이 대결한 대선의 해였다. 이명박이 대통령이 될 게 확실했던 상황. 어떤 일이 벌어질지 충분히 예상되었다.

후배 피디들은 책임 피디 사정을 봐주지 않았고 나 또한 기대하지 않았다. 피디들이 취재하겠다고 하는 건 특별한 이유가 없는 한 막을 수도 없고 막아서도 안 되었다. 노동조합이 수없이 많은 파업과 오랜 동안의 치열한 투쟁을 통해 획득한 방송자유였다. MBC의 전통이고 문화였다.

대선 때 가장 핫한 이슈는 이명박 후보의 다스와 BBK 의혹이었다. 피디들은 계속해서 BBK를 아이템으로 가져왔다.

어느 날 MBC를 퇴사한 선배한테 전화가 걸려왔다. 안면은 있지만 평소 친하게 지내던 사이가 아니었다. 그 선배는 기자, 나는 피디. 부서가 달랐다.

"ㅇㅇ호텔, 중국집에서 보세."

구체적인 용건을 말하지는 않았지만 만나서 할 얘기가 있다는데 굳이 거절할 이유는 없었다.

ㅇㅇ호텔 중식당. 방문을 열고 들어가자 선배 외에 한 명이 더 있었다.

아는 얼굴이지만 전혀 뜻밖이었다.

"아니, ㅇㅇ국장님, 웬일이십니까?"

나주 토박이 나종삼 옹이 들려준 옛날 이야기

〈송일준 PD 제주도 한 달 살기〉에 제주와 나주와 연관된 이야기를 썼었다. 서귀포 표선면 토산2리 본향당. 압도적인 힘으로 나주목사를 농락하던 금성산의 신이 기개 있는 목사에게 쫓겨 도망쳐 바다를 건너 당도한 곳이 제주도. 우여곡절을 거쳐 마침내 토산2리 신당에 좌정하고 주민들의 섬김을 받게 된다(책 p 20-23, 93-95. 송일준 fb)는 내용이다. 그런데 나주시가 펴낸 〈나주 토박이 나종삼翁이 들려준 옛날 이야기〉를 읽다가 깜짝 놀랐다. 내용은 다르지만 앞부분이 놀랍도록 닮은 전설이 있었기 때문이다.(권2 p269 설화 446 나주 천제당의 유래)

요약하면 다음과 같다.

"나주 서문 쪽에 할미당이 있었다. 아무리 지위가 높은 사람도 지나갈 때는 말에서 내려야 했다. 안 그러면 말의 앞다리가 부러져 죽었다. 그러나 구봉서 목사는 달랐다(돌아가신 코미디언 구봉서 씨와 같은 이름이다). 말에서 내려 지나가야 한다는 마부의 말에 '고을에서 내가 제일 높은 사람인데 감히 어느 놈이 내 앞길을 막는단 말이냐'고 말을 탄 채 지나가려 했다. 말의 앞다리가 부러져 고꾸라졌다. 격노한 구 목사가 명령한다. "말가죽을 벗겨라. 할미당에 있는 돌을 쌀만큼 싸서 묶은 다음 영산강에 갖다 버려라." 목사의 명을 따른 사람들은 할미당신의 노여움이 두려워 벌벌 떨었으나 아무런 후환도 없었다. 졸지에 영산강에 수장된 할미당신. 신통력을 발휘해 영산강을 타고 내려가 목포, 서해바다를 거쳐 한강으로 올라갔다. 임금의 꿈에 출현해 자초지종을 설명하고 '나를 제발 원래 자리로 갖다 놓아주십시오' 하고 부탁한다. 꿈에서 깬 왕이 사람을 시켜 확인케 했더니 과연 말가죽 안에 돌이 가득 들어 있었다. 왕이 명령했다. "할미당신을 나주 원래 자리에 갖다 모시고 그 자리에 할미당 집을 지어라. 금성산 앞에 있으니 금성당이라 이름하라."

나종삼 옹 설화에 나오는 금성산 할미당신은 말 다리를 부러뜨려 죽였다는데, 제주도 전설에 나오는 금성산 구렁이신은 그렇게 까진 하지 않았다. 나종삼 옹 설화에는 영산강에 수장됐다가 탈출하여 한양으로 간 후 임금의 도움으로 다시 나주로 돌아와 금성당에 좌정한다지만 제주도 전설에는 금성산에서 도망쳐 한양으로 간 후 제주도 사람의 도움으로 바다를 건너 서귀포에 내린다. 불행한 일을 당하며 갖은 고생을 한 후 토산2리에 좌정한다. 나종삼 옹이 들려준 나주 천제당의 유래와 서귀포 본향당의 유래. 앞부분이 놀랍도록 비슷하지 않은가. 이 사람 저 사람 입으로 전해지며 달라졌는지, 이 얘기 저 전설이 섞여 짬뽕이 되었는지는 알 길이 없다. 하지만 모두 금성산 신에 관련된 스토리니 과연

나주시가 펴낸 〈나주 토박이 나종삼翁이 들려준 옛날 이야기〉

금성산은 신령스러운 산임에 틀림없다. 높이는 낮아도 신령스러운 기운이 가득한 나주의 진산 금성산. 과거 많은 신당들이 있었고 지금도 전국의 무속인들이 찾는다. 하지만 금성산은 현재 그 기운이 온전하지 않은 상태다. 군사적으로 굳이 금성산에 있을 필요가 없어진 레이다 기지가 아직도 정상을 차지하고 있는 것이다. 금성산 꼭대기의 레이다 기지가 사라져 금성산의 신령스러운 기운이 완전히 회복되고, 하구언이 철거되어 영산강과 바다가 연결됨으로써 옛날처럼 영산강이 국제적 하천으로서 기능을 회복하는 날이 나주의 기운을 온전히 회복하는 날이 아닐까 생각하지만, 글쎄 그런 날이 올 수 있을까.

〈옛날 이야기〉의 구술자 나종삼 옹. 1998년 5월 9일~2000년 1월 7일 사이 2년이 안 되는 시간에 무려 568편의 설화와 수십 편의 속담을 구술

했다. 일제 강점기. 보통학교와 서당 공부 몇 개월이 전부인 학력에 설화 채록 개시 당시 일흔아홉의 연세였던 분의 놀라운 능력에 감탄하지 않을 수 없다. 때로는 황당무계하게 들리는 것들도 적지 않지만 옛날 이야기는 그 내용의 사실 여부보다는 그 안에 녹아 있는 민중의 세계관과 역사인식을 이해하는 것이 중요하다. 비슷하나 다른 전설들이 존재하는 것도 하등 이상한 일이 아니다. 설화는 민중의 입을 통해 구전되어 오면서 당대 민중의 역사인식이 반영되고 투사되어 쉬이 그 내용이 변용되기 때문이다. 제주도 토산2리 신당의 전설과 나주 금성당 설화의 내용이 비슷하면서 다른 것도 그래서일 가능성이 있다. 천년고도 나주. 어떤 곳보다 많은 역사적 자원, 인물, 전설, 문화가 있는 고장. 장구한 세월에 영산강을 젖줄 삼아 남도의 수도로 군림했던 나주의 위상 회복과 그 명성을 되찾기 위해 지혜를 모아야겠다.

약전과 약용 형제,
나주 율정점에서 이별하다

영화 '자산어보'를 봤다. 비운의 조선 지식인 정약전과 양반의 버림받은 자식인 어부 창대, 사제지간인 두 남자의 티격태격 브로맨스가 선사하는 재미에 더해 건질 거리가 있어 좋았다. 새로운 사상에 대한 기득권 세력의 극렬한 거부감과 배척은 예나 지금이나 같고, 조선시대 필독서 소학이 가르치는 형우제공兄友弟恭이 이토록 아름답고 품격있는 것이었으며, 조선에 필요한 것은 넘치는 관념론이 아니라 명징한 사물에 대한 궁구窮究라는 약전의 생각이 조선 전체에 퍼졌다면 훗날 망국까지는 나아가지 않았을지 모른다 라는.

더욱 흥미로웠던 건 영화 속에 나주가 여러 차례 등장한다는 점이다. 약전 약용 형제가 하룻밤을 자고 각자의 유배지로 떠나는 곳은 나주의 '율정점'이다. 나주로서는 돈 한 푼 안 들이고 엄청난 홍보효과를 얻을 수 있는 기회인 셈인데, 그걸 적극 이용하려는 노력이 느껴지지 않는 건 왜일까. 영화에 나온 장소들을 관광지로 적극 홍보하는 데 열을 내고,

촬영을 우리 지역에서 해달라고 많은 제작비와 갖가지 혜택으로 영화제 작자들을 유인하는 시대가 아닌가. 약전과 약용 형제가 단장의 이별을 해야 했던 나주 율정점을 찾아 부슬비 속을 달려간다. 혁신도시에서 영산강을 건너 북쪽으로 가는 13번 국도는 예향로—영산로—건재로로 이어진다. 동신대 앞 교차로에서 오른쪽으로 꺾으면 원도심 북쪽 외곽을 통과하는 건재로를 지나 광주로 간다. 교차로에서 그대로 직진하면 822번 지방도, 노안삼도로다. 조금 달리자 커다란 저수지가 나온다. 연화제다. 이름을 듣고 연꽃이 만발한 모습을 연상했으나 연꽃은 보이지 않는다. 연화제 앞 네거리. 율정점은 여기 있었을 것이라고 나주 역사에 밝

연화제 앞 네거리. 높이 달린 교통표지판에 율정교차로라고 쓰여 있다. 율정점은 여기 있었을 것이라고 나주 역사에 밝은 후배한테 들었다.

은 후배한테 들었다. 높이 달린 교통표지판에 율정교차로라고 쓰여 있다. 왼쪽으로 꺾으면 금성산으로 가는 칠전길, 오른쪽으로 연화제를 끼고 도는 길은 유곡로다.

"옛날에는 네거리에 대호정미소라고 있었는데… 그 전에는 주막집이 있었고 봉놋방에 사람들이 묵었다고 어르신들이 얘기했었는데 그게 율정점이었을 겁니다."

길가에 차를 세우고 연화제 주변을 둘러본다. 배밭이 있고 논이 있고 전형적인 농촌마을 풍경이다. 죽어서 떠도는 귀신들을 달래기 위해 제사를 지내는 제단이 있었다는 마을, 여제마을이 이곳인가. 칠전길 입구 오른쪽. 방음벽 뒤로 공터가 있고 그 옆에 콘크리트 건물이 서 있다. 대호원룸이라 쓰인 광고판이 붙어 있다. 건물 아래쪽 벽을 담쟁이 덩굴이 덮고 있다. 사이로 벽에 덧붙인 나무판이 보인다. 그 위에 적힌 글자들. 뭐지? 다가가 보니, 페인트 손글씨로 '율정점'이라고 쓰여 있다. 율정점이 있었던 자리인 모양이다.

1801년 11월 22일. 월정점에서 하룻밤을 묵은 형제는 기약없이 이별하는 심정을 시로 적었다. 동생은 형과 헤어져야 하는 주막집이 미웠다.

율정점이 밉기만 한 것은
문 앞 길이 두 갈래로 갈라지는 것
본래 같은 뿌리에서 났으나
낙화처럼 흩어져 날리는구나

형은 미움보다는 한양에서 나주까지 동생과 동행하며 느꼈던 행복을

여제마을 칠전길 입구 오른쪽의 한 콘크리트 건물. 건물 아래쪽 벽을 덮고 있는 담쟁이가 덩굴 사이로 보이는 나무판에 '율정점'이라고 쓰여 있다. 율정점이 있었던 자리인 모양이다.

회상했다.

　　　　남으로 오던 길 아직도 사랑하는 것은

　　　　율정의 갈래길로 이어지기 때문

　　　　열흘을 나란히 갈기 늘어진 말 타고 올 때

　　　　우린 참으로 한 송이 꽃이었지

　눈물을 삼키며 각자 유배지로 떠나는 순간에도 시가 솟아나는 가슴이라니. 이토록 도탑고 아름다운 형제간의 우애라니. 헤어지는 날 아침. 형제의 심정을 가늠한다. 가슴이 아려온다. 영화 속 형제의 이별 장면. 자욱히 안개가 낀 아침이다. 짐작조차 할 수 없는 앞날. 형제는 각기 다른 안개 속 길로 걸어간다.

약전 약용 형제가 다시는 만날 수 없을지도 모르는 먼 길을 떠나며 울음을 터뜨린 율정점. 복원까지는 멀다 해도 표지판 하나 서 있지 않다. 주막집을 짓고 따뜻한 봉놋방을 들어 앉혀 여행객들을 불러들이고, 두 형제와 그들이 살았던 시대에 관해 이야기 하고 배울 수 있도록 하는 것 정도는 얼마든지 가능하지 않을까. 문득 한참 전에 후배로부터 들은 말이 생각난다.

"나주에 율정점을 재현해 만들어 놓은 곳이 있습니다."

부슬비 속을 조심스레 운전해 나주읍성의 서쪽 대문으로 간다. 서성문 앞에 초가집 두 채가 있다. 하나는 관광정보안내소, 하나는 음식점이다. 당연히 술과 음식을 파는 초가가 율정점일 것이다. 초가의 모습에 다소 실망한다. 율정점이어야 할 주막집의 이름은 서문주막이다. 초가와 어울리지 않는 전광판에 글자들이 흐른다. 영업 중, 서문주막, …약전 약용 형제가 오열하며 이별한 주막집. 서문주막에서는 당시의 분위기를 떠올리기도, 형제의 감정으로 이입하기도 쉽지 않다. 없는 이야기도 만들어내 팔아먹는 세상에서 나주 율정점은 기록이 있고, 시가 있고 영화까지 만들어졌다. 영화에 사용된 세트의 대부분은 도초도에 지었다고 한다. 흑산도는 멀어서 드나들기 쉽지 않아 로케이션 촬영지를 가까운 신안의 섬들 중에서 물색했다는데 언제 한 번 시간을 내어 도초도 여행을 하고 싶다. 약전의 가슴 속으로 들어가보고 싶다.

다산 정약용의 아프고 슬픈 시 율정별 栗亭別(율정에서의 이별)이다.

초가 주점 새벽 등불 깜박깜박 꺼지려 하는데

율정점을 재현해 놓은 곳이 있다고 해서 나주읍성의 서쪽 대문인 서성문을 가 봤다. 서성문 앞에 있는 초가집 두 채 중 술과 음식을 파는 음식점이 율정점일 것이다. 율정점이어야 할 주막집의 이름은 서문주막이었고 어울리지 않는 전광판에 글자들이 흘렀다.

일어나서 샛별 보니 아! 이제는 이별인가

두 눈만 말똥말똥 나도 그도 말이 없이

목청 억지로 바꾸려니 오열이 되고 마네

흑산도 머나먼 곳은 바다와 하늘뿐인데

그대가 어찌하여 이 속에 왔단 말인가

고래는 이빨이 산과 같아

배를 삼켰다 뿜어냈다 하고

지네가 크기 쥐엄나무만큼 하며

독사가 다래덩굴처럼 엉켜 있다네

내가 장기에 있을 때는

낮이나 밤이나 강진 바라보며

깃날개 활짝 펴고 청해를 가로질러

한 바다 중앙에서 그 사람을 보렸더니

지금은 내 높이 높이 교목에 올랐으나

진주는 빼버리고 겉껍질만 산 것 같고

또 마치 바보스러운 얘기

멍청하게 무지개를 잡으려고

서쪽 언덕 바로 코앞에

아침에 뜬 무지개를 분명히 보고서

애가 쫓아가면 무지개는 더더욱 멀어져

또 저 서쪽 언덕 가도가도 늘 서쪽인 격이야*

---

* 한국고전번역원 양홍렬 역, 1994, 네이버블로그 '열천의 정원'에서 재인용

나주호와
금어마을펜션

나주 사람들이 '다도댐'이라고도 하는 나주호羅州湖. 혁신도시에서 자동차로 이십분이면 갈 수 있다. 내가 대학에 들어간 해인 1976년 9월 말에 준공된, 국내에서 가장 큰 농업용 저수지다. 장성호, 광주호, 담양호와 함께 영산강유역개발사업의 일환으로 만들어진 네 개의 호수 중 하나다.

장성호長城湖는 주말이면 많은 사람들이 몰려와서 댐 밑의 너른 주차장이 꽉 찰 정도로 유명관광지가 됐다. 나무 데크길을 깔고, 출렁다리를 만들고, 도중에 쉬면서 간단하게 음식을 먹고 커피를 마실 수 있는 매점도 만들었다. 입장권을 팔지만 그 돈은 장성사랑 상품권으로 돌려줘서 장성호 밑 공터에 설치된 지역 특산품 마켓에서 쇼핑을 할 수 있게 했다.

광주호光州湖는 주말에 가끔 가서 산책을 했다. 생태공원으로 예쁘게 조성했다. 주변 관광자원들과 어울려 사람들로 북적이는 관광지가 돼 있다.

담양호潭陽湖도 마찬가지다. 둘레에 데크길을 조성해 걷기 좋게 만들었다. 평일은 물론 주말이면 많은 사람들이 찾아와 아름다운 경치를 감상하며 걷는다. 담양에는 다른 관광지들도 많다. 죽녹원을 시작으로 버려진 대나무밭을 살려서 오늘날의 친환경생태관광지 담양의 이미지를 만들어냈고, 일 년에 오백만 명 이상이 찾는 유명한 관광지가 됐다. 만나본 지자체장들 가운데 담양군수의 마인드가 출중하다고 느꼈다. 재생사업으로 리모델링한 건물은 조잡하지 않고 세련됐다. 전문가에게 맡기고 철저하게 관리감독하기 때문이다. 메타세콰이어길, 죽녹원, 메타프로방스, 양곡 창고를 고친 담빛예술창고, 해동주조장을 리모델링한 해동문화예술촌 등등…. 담양군은 또 광주MBC가 보유하고 있는 LP를 옮겨 뮤지엄·갤러리·카페를 만들고 있다. 이전으로 비게 되는 청소년 문화의 집을 리모델링한 것이다. LP뮤지엄은 매력적인 관광콘텐츠로 담양의 원도심을 활성화하는 데 크게 기여할 것이다.

그렇다면 나주호는? 주말에 오토바이를 타고 돌아봤다. 나주호 관광단지, 중흥골드스파리조트 등이 있긴 하지만 일반인들이 마음 편하게 찾아와 즐기고 쉴 수 있는 분위기는 아니었다. 다른 세 호수들에 비해 관광자원화 되어 있지 못하다는 느낌을 받았다. 지리적 위치 때문에 도시인들의 접근이 불편하다는 얘기를 할 수도 있지만 타당한 이유가 아니다. 자동차로 어디든 갈 수 있는 세상 아닌가. 도로 밑 호숫가. 무너져가는 빈 집, 식당이었던 건물들이 있다. 당국에서 정책적으로 이주시킨 후 방치하고 있는 듯하다. '전망 좋은 곳'이라 쓰인 간판 앞에 멈춘다. 그런데 전망을 편히 감상할 시설이 하나도 없다. 앞을 가린 나무들 때문에 좋은 사진을 찍기도 어렵다. 간판을 보고 차를 세우는 사람들은 실망할 것이다. 간판 옆에 있는 비석. 고성 김씨 망향비다. 1973년 나주호를

고성 김씨 망향비. 1973년 나주호를 만들 때 수백년 살아온 집성촌이 수몰된 것을 안타까워한 후손이 세웠다.

만들 때 수백년 살아온 집성촌이 수몰된 것을 안타까워한 후손이 세웠다. 삼한시대부터 신라, 조선시대까지 가문의 내력이 간략하게 새겨져 있다. 조상 대대로 살아온 곳, 태어나 자란 마을이 물속에 잠겨 영원히 볼 수 없게 된 사람들의 비통한 심정이 느껴진다. 명절이 되면 망향비가 있는 곳으로 와 호수에 잠긴 마을을 상상하고 그리움을 달랠 것이다.

도로변에서 재미있는 이름의 간판을 발견한다. '까투리펜션텔'. 펜션과 호텔을 겸한 곳이라는 뜻인가. 너른 부지에 단층 건물이 들어서 있고 왼편에는 먼지 낀 버스가 주차돼 있다. 마당에 풀이 무성하다. 철제 대문으로 잠겨 있다.

"전에 식당이었는데 베트남 여자 하고 결혼한 주인 남자가 베트남으로 갔다는 얘길 들은 적이 있네." 친구의 말이다.

까투리펜션텔의 위치와 들어앉은 품새가 아주 좋다. 이렇게 좋은 곳이 그냥 버려진 채 방치되어 있다니, 어떤 식으로든 살려서 활용하면 좋을 텐데. 호숫가 군데군데 텐트가 보인다. 아예 한 살림 차린 듯 제법 규모가 큰 것도 있다. 낚시꾼들이다. 큰 물고기들이 잘 잡혀 거의 생업으로 낚시를 하는 사람들도 있는 듯하다. 농업용 저수지라 낚시가 자유로운 모양이다. 나주호 둘레를 달리는 자동차 도로 저 멀리 커다란 건물이 보인다. 한국전력KPS인재개발원, KPS 아카데미다. 부근에 높은 송전탑이 여럿 서 있다. 친구가 설명해준다.

"전기 노동자들 훈련시키는 시설이야. 철탑 위에서 안전하게 일하는 법을 교육시키는."

"그래? 일반인도 체험할 수 있게 해주면 재미있겠는데?"

"위험하다고 절대 안 될걸. 책임지는 일 싫어하잖아."

'일반인들이 체험할 수 있다면 한전을 바라보는 느낌이 달라지지 않을까. 우리가 쓰는 전기가 목숨을 건 노동의 결과라는 걸 인식하는 계기도 되고, 이미지 업도 되고. 만약 체험프로그램을 만든다면 신청할 사람들이 많지 않을까? 현실성 없는 줄 알면서도 그냥 혼자 생각해본다.

수몰민들을 위로하기 위한 망향탑으로 가는 길. '금어마을펜션'이라는 간판이 걸려 있다. 건물 수가 제법 많다. 아아, 기가 막힌 데 자리 잡았네. 잠시 들러볼까. 경사진 길을 내려간다. 아래 쪽으로 내려가는 비포장길이 있다. 꼬꼬꼬 구구구. 닭소리가 난다. 왼쪽에 닭장이 있다. 어린 시절이 되살아난다. '저 아래 뭐가 있지?' 생각하며 걸음을 옮기는데 자동차 한 대가 올라온다.

"여기 주인 되시나요?"

운전자가 "그런데요." 하더니 내린다. '지나가다 구경하러 들렀다'며

명함을 건넸다.

"아, 송일준 사장님, 그렇잖아도 한 번 만나고 싶었습니다."

어? 나를 알아본다. 마치 기다리고 있었다는 듯 반색을 한다.

"화순군수가 제 친굽니다. 일전에 만났더니 송 사장님 얘기를 하더라고요. 친하게 지내는데, 퇴임하고 지금은 나주에 계신다고."

금어마을펜션 최다식 대표. 내 또래다. 자리를 옮겨 대화를 나눴다. 펜션은 오픈한지 5년쯤 된다. 그 전에는 오랫동안 금붕어와 비단잉어를 길러 파는 사업이 주업이었다. 지자체의 지원을 받아 사업을 더 키우고 싶었지만 쉽지 않았다. 단념해야 했다.

"여기 호수 얼마나 좋습니까. 근데 하나도 개발이 안돼 있어요. 장성하고 담양 보세요. 함평처럼 별 볼일 없는 데도 나비 하나로 유명해졌잖아요."

여기서도 나비축제 얘기를 듣는다. 나주에서 만나는 이들 중 상당수가 함평 나비축제 얘기를 했다. 광주MBC에 있을 때 나비축제가 열리는 주말에 함평을 찾았다. 천지 사방에 나비가 훨훨 날아다니는 모습을 상상하며. 그런데 함평군 영역 안으로 들어가도 나비는 보이지 않았다.

축제장소가 가까워지니 차들이 밀렸다. 각설이패의 공연 소리만 시끄럽게 울렸다. 나비는 실내 전시관에 있었다. 세계 각지의 나비들, 살아 춤추는 나비들과 박제된 나비들, 나비의 일생, 생태, 나비와 관련된 전시물들…. 나비축제장으로 조성된 공원은 볼거리가 많았고 사람들로 가득했다. 상상했던 것에 비하면 대단하달 게 없는 축제. 그런데도 수많은 사람들이 찾아 온다.

나비축제가 함평에 가져다준 효과는 대단했다. 나비와 연관된 개념들

수몰민들을 위로하기 위한 망향탑으로 가는 길을 달리다 만난 '금어마을펜션'. 나주호가 바로 앞에 펼쳐지는 기가 막힌 곳에 자리 잡았다.

이 함평에 대한 이미지로 옮겨가기 때문이다. 무공해, 무농약, 청정 자연, 건강한 먹거리 등등….

최 대표를 따라 수조를 구경한다. 금어 사업은 접었지만 그래도 소규모로 유지하고 있다.

"새로운 종을 만들어내고 싶어서요. 그래서 계속하는 겁니다."

제법 넓은 온실 안에 여러 칸으로 나뉜 시멘트 수조들이 있다. 작은 새끼들부터 커다란 비단잉어들까지, 가득하다. 일본 특파원 시절이 떠올랐다. 일본인들의 금붕어 비단잉어 사랑은 대단하다. 비단잉어 한 마리 값이 상상을 초월한다. 동네 축제에 가면 여러 놀이들 가운데 뜰채로 금붕어 뜨기 놀이를 하는 데가 있었다. 우리 어렸을 때도 그런 게 있었던 것 같은데 요즘은 보기 힘들어졌다. 새로운 종을 만드는 프로젝트가 성공해서 최다식 대표가 원래 하고 싶었던 금어사업을 다시 시작할 수 있었으면 좋겠다. 함평이 나비로 유명해졌듯이 금어가 나주를 유명하게 만들 수도 있지 않겠는가.

육송정면앤밥의
이영배 오너셰프

나는 면을 좋아한다. 밀가루가 건강에 안 좋다지만 맨날 면을 먹는 것도 아니니 크게 걱정하지 않는다. 나주 원도심에 면이 쫄깃쫄깃 맛있는 집이 있다. 육송정면앤밥. 면과 밥이 아니라 면앤밥이다. 앤은 영어 and다. 발음하기는 더 좋다. 그래서 '과' 대신 '앤'을 썼을 것이라고 멋대로 생각한다. '육송정면앤밥'은 남고문 근처 금호지구대 맞은 편에 있다. 지금까지 세 번 갔다. 맨 처음은 1989삼영동커피집 김지니 오너바리스타의 안내로 갔고 두 번째는 친구들이랑 부부동반으로 갔다. 세 번째는 비오는 날 오후에 혼자 갔다. 문이 잠겨 있었다. 처음 두 번은 모두 점심시간이었던지라 바쁜 주인을 붙들고 이것 저것 물어볼 처지가 못 되었다. 두 번째 갔을 때 친구의 아내가 물었다.

"일성떡방앗간 막내 아들 아닌가요?"

오너셰프 이영배 씨. 육송정에서 멀지 않은 곳에 있는 일성떡방앗간 집 3남 2녀 중 막내다. 크지 않은 체구에 선한 눈을 하고 있다. 나주에서

남고문 근처 금호지구대 맞은편의 '육송정면앤밥'. 깨끗한 외관과 세련된 인테리어가 돋보이는 나주 맛집이다.

나고 자라고 공부한 뒤 나주를 떠났다. 오랫동안 객지 생활을 하다 십여 년 전 나주로 돌아왔다. 부모님은 아직도 같은 장소에서 40년 넘게 방앗간을 하신다. 그는 안양에 있는 만도기계에서 오랫동안 직장 생활을 했다. 자동차부품 품질관리 부서에서 일하며, 익산, 원주, 제주도로 돌아다녔다. 익산사업부 노조 대의원으로도 활동했다. 일찍이 사회의식이 남달랐던 것은 광주의 방송사에 근무했던 고모부의 영향 덕이었다. 빡빡머리와 생활한복에 고무신 차림으로 회사를 다녔으니 솔찬히 튀는 직원이었다. 상사가 불러 지적하면 대꾸했다.

"이런 차림은 안 된다고 어디 정해져 있습니까?"

특이한 모습이었으니 시위를 할 때는 으레 백골단의 손쉬운 타겟이

됐다. 민정당사에 계란을 던졌다가 체포되어 벌금 오만원을 선고받기도
했다.

1999년 만도기계를 퇴사했다. 하고 싶은 일이 있었다. 고아원과 양로
원을 겸한 시설 운영. 하지만 복지법인의 인가 조건을 충족하기 쉽지 않
았다. 포기했다. 퇴사 후 제주도 한림으로 갔다. 취학 아동수가 줄어들
자 제주도는 학교에 다니는 아이들을 데리고 이사해오는 육지인들에게
집을 알선해주는 프로그램을 운영했다. 그런 혜택을 받기 위해 제주도
로 들어오는 육지사람들을 보며 이웃 제주 사람들이 하는 말은 충격이
었다.

"육지 것들 또 왔네."

지금은 많이 달라졌지만 당시엔 아주 심했다. 영배도 육지 것이었다.
자신은 무슨 혜택을 받으러 제주도에 간 것이 아니었지만 계속 머무르
기 싫었다. 제주도를 떠나 원주에 있는 중소기업에 취직했다. 2010년까
지 원주에서 살았다. 뇌경색 수술 후유증으로 균형감각에 문제가 생긴
아버지 때문에 수시로 나주를 왔다 갔다 했다. 아버지는 못 박는 것 같
은 간단한 일조차 하기 버거운 상황이었다. 잠잘 때면 어머니는 아버지
가 숨을 제대로 쉬는지 늘 확인해야 했다. 항상 불안했다. 전화를 하면
어머니가 말했다.

"영배야, 아들 하나만 같이 있어도 덜 무섭겠어야."

2011년에 나주로 내려왔다. 위로 형이 둘 있었지만 직장을 그만두고
귀향할 형편이 아니었다.

귀향 후 나주에 있는 팔도라면공장에서 지게차 일을 맡았다. 일은 훨
씬 더 많아졌지만 월급은 전에 다니던 직장의 절반 밖에 안됐다. 과로하

는 아들을 염려한 아버지는 당장 집어치우라고 했다. 아버지와의 마찰과 갈등에 힘이 빠져 2014년 다시 제주도로 갔다. 밭일도 하고 식당일도 했다. 식당에서 일할 때 주방장을 도우며 음식을 배웠다. 들깨 옹심이와 김치말이국수를 맛있게 만드는 법도 그때 배웠다. 2년 정도 제주도에 살다 다시 나주로 돌아왔다. 몸이 불편한 아버지가 엎친 데 덮친 격으로 위암 판정을 받았다.

아버지에게서 땅을 증여받아 건물을 지었다. 아는 분이 '여섯 그루 소나무가 있는 정자'라는 뜻으로 '육송정'이라는 이름을 지어줬다. '면과 밥을 내는 식당'이라는 뜻으로 '면앤밥'을 추가했다. 남고문 근처에서 옛 나주역으로 가는 길인 학생운동길 초입에 음식점을 차렸다.

"장사는 잘 되나요?" 궁금한 건 물어야 한다.

육송정면앤밥의 이영배 오너셰프

"코로나 사태가 시작되면서 손님이 많이 줄었어요. 그 전에 하루 백 명이 왔다면 지금은 절반 정도 될까요. 지난 금요일에는 밥을 세 번이나 했습니다. 손님이 적게 올 걸로 생각해서 밥을 조금밖에 안했는데 갑자기 몰려들 오니 부랴부랴 밥을 더 지어야 했어요."

그는 혼자서 일한다. 인건비 때문에 사람을 쓸 형편이 못된다. 서울이나 나주나 똑 같이 적용되는 최저시급제가 지역에서 사업하는 사람에게는 너무 부담스럽다. 아침 일곱시에 출근해 밤 늦게 퇴근한다. 밤을 새는 날도 있다. 정해진 시간이 되면 가차없이 문을 닫는 프랜차이즈 음식점과는 달리 육송정면앤밥은 손님이 있는 한 문을 연다. 다만 준비해놓은 재료가 떨어지면 시간과 관계없이 '장사 끝'이다.

"가령 국밥집 같은 경우, 하루 백 명분 재료를 준비해놨는데 백이십 명이 왔다고 쳐요. 같은 양의 재료를 갖고 백 명분을 백이십 명분으로 만들어 파는 데가 적지 않습니다. 음식 질이 떨어질 건 뻔하지 않습니까. 저는 준비한 재료가 떨어지면 거기서 끝입니다. 문을 닫고 내일 팔 음식 만드는데 필요한 재료를 준비합니다."

예상되는 손님 수만큼 직접 만든 재료를 준비하고 재료가 떨어지면 영업을 종료한다. 돈 욕심에 음식 갖고 장난치는 게 제일 나쁘다고 생각한다. 전라도 어디든 그렇지만, 외관이 허름한 곳이든 아니든 나주의 음식점 어딜 들어가도 맛있다. 그중에서도 깨끗한 외관과 세련된 인테리어를 한 '육송정면앤밥'. 선한 눈에 수줍은 표정을 한 남자가 혼자 꾸려가고 있는 나주의 맛집이다.

남파고택
작은 음악회

끈적끈적한 날씨에 지친 어느 날, 나주의 오래된 집인 남파고택(박경중 가옥, 국가민속문화재 263호)에서 작은 음악회가 열렸다. 남파고택은 현 거주자인 박경중 선생의 6대祖가 터를 잡고 4대祖인 남파 박재규가 지었는데, 단일건물로서는 전라남도에서 제일 크다.* 건축학적 가치에, 많은 소장자료의 학술적 가치가 높은 집이라는 사실에 더해 또 하나 기억해야 할 사실은 학생독립운동을 촉발한 나주역 사건†의 주인공 박준채(박경중 선생과 한 집안)가 기거했던 집이라는 것이다. 나주학교 홍양현 교

---

† 1929년 10월 30일 오후 나주역에서 일본인 학생들이 한국 여학생의 댕기머리를 잡아당기며 희롱하자, 피해 여학생의 사촌동생 박준채가 일본인 학생에게 따졌으나 사과는커녕 오히려 '조센징'이라며 놀림을 받았다. 순간 박준채의 주먹이 일본인 학생의 얼굴로 날아들었고 이내 양국 학생들의 난투극이 벌어졌다. 이 소식을 접한 다음 날부터 광주 시내 분위기는 살벌해졌고 11월 3일에는 마침내 억눌렸던 민족감정까지 폭발하여 광주 전역의 학생들이 '조선독립만세'를 외치며 시가지로 진출했다. 이렇게 나주역 사건은 광주 학생독립운동의 진원지가 되었다.

남파 박재규가 지은 남파고택에서 나주학교 홍양현 교장이 주최하는 작은 음악회가 열렸다.

장이 주최한 남파고택 작은 음악회. 홍 교장의 넓은 인맥을 활용한 작은 이벤트였지만 여느 콘서트 못지않게 내용이 알찬 즐거운 프로그램이었다. 출연한 가수 시인 시낭송가들의 수준은 물론 나주와 광주, 목포, 순천 등지에서 찾아온 관객들의 면면도 솔찬했다.

　작은 음악회도 좋았지만 못지않게 좋았던 것은 '초록추어탕'으로 자리를 옮겨 이어진 2차 교류회였다. 늘 그렇듯 아무리 아름다운 경치도, 아무리 멋진 이벤트도, 그것을 더 가치 있게 하고 오래 기억나게 하는 것은 거기서 만난 좋은 사람들이다. 다른 약속을 뒤로 하고 뒷풀이에 참석하길 잘했다. 성형외과의사이면서 시인인 나해철 시인, 격투기선수 출신으로 요리사가 된 후 틈틈이 쓴 시를 모아 펴낸 시집 '민어의 노래'로 유명해진 김옥종 시인, 나보다 위로 생각했으나 동갑인 정희만 시인,

아직도 운동권 청년 같은 나주학교 홍양현 교장, 직장인이자 하모니카 연주 달인인 김현창님, 나주의 김광석이라는 김영일 가수, 도래마을에 살며 슬로우푸드 관련 일을 하는 박민숙님, 불회사 철인스님, 그밖에 여러분들….

나주 여기저기를 돌아다니며 많은 사람들을 만나면서 새록새록 느끼는 것은 나주에는 정말로 좋은 자원, 좋은 사람이 많다는 사실이다.

2007년 대선의 해, 소용돌이 속으로

　　2007년 대선의 해. 이명박과 박근혜의 야당 후보 경선이 치열하게 전개되고 있었다. 박근혜는 이명박의 범죄의혹을 사정없이 공격했다. BBK 문제는 이명박 후보의 대표적인 약점이었다. 대통령이 되겠다는 이의 범죄 의혹. PD수첩이 가만있을 수 없었다. 후배PD들은 의혹이 불거질 때마다 계속해서 BBK를 소재로 들고왔다.

　　책임PD와 진행자를 맡고 있었던 나는 소재 선정에 특별한 문제점이 없는 한 취재를 만류할 수도, 할 생각도 없었다. 나 아닌 누구라도 그랬을 것이다. PD수첩의 전통이었다. 정치적 고려 따윈 없었고 BBK문제는 그냥 좋은 방송 소재일 뿐이었다.

　　박근혜 캠프로부터는 격려가, 이명박 캠프로부터는 회유와 협박이 들어왔다. 늘 그렇듯 접촉해오는 이들은 학연 지연 사연社緣을 내세웠다.

　　마포 ○○호텔 중식당.

"아이고, 송 피디. 오랜만이요."

MBC를 퇴직하고 방송계에서 중요한 자리에 있는 선배 옆에 의외의 인물이 앉아 있었다. MBC 선배는 사전에 그 인물이 동석한다는 얘기를 하지 않았기 때문에, 놀랐다. C일보 편집국장 출신, 신문업계 경력이 어느 정도 되는 사람들은 알만한 이였다. 나랑은 일본 도쿄 게이오대학교에서 만난 적이 있다.

1997년 나는 연세대 언론홍보대학원을 졸업했다. 1994년 MBC 국제협력팀장이 되어 나인투식스로 근무하게 되자 퇴근 후 시간이 남았다. 국제공동제작에 관심이 있었다. 대학원에 입학해 밤에 학교를 다녔다. MBC에 입사한 지 13년, 쉬지 않고 달리느라 심신이 지쳤다. 일에서 벗어나 고갈된 에너지를 재충전할 시간이 필요했다. 해외 연수를 가자.

친구인 스나미 겐고 아사히TV 서울지국장의 주선으로 주한 일본 문화원장이었던 마치다 공사를 만났다. 일본에 대해, 특히 일본의 방송에 대해 공부하고 싶으니 지원받을 길이 없겠는지 물었다. 이야기를 다 들은 마치다 공사가 헤어지기 전 말했다.

"송상, 일본에 대해 많이 공부하고 오세요."

회사에도 해외연수 프로그램이 있었지만 대상자가 너무 적었다. 회사는 사원이 외부 공기관의 지원을 받아오면 회사의 공식 해외연수자로 인정해주었다. 회사의 해외연수자로 인정받고 도쿄로 갔다. 게이오대학교 방문연구원으로 있으면서 1년 동안 일본의 방송에 대해 공부했다. 일본 게이오대학교에서는 저렴한 비용에 기숙사를 제공해주었고, 연구실을 쓸 수 있게 해주었다.

게이오대학교 방문연구원 연구실에 달려있는 명패들에 한국 이름이 많았다. 모두들 현장 조사를 다니는지 연구실 문은 대부분 거의 언제나 닫혀 있었고 연구원들 얼굴 보기도 힘들었다. 나와 한겨레 오태규 기자는 거의 매일 연구실에 나갔다. 오태규 기자는 나중에 도쿄 특파원이 되었고, 귀국 후 일본 전문기자로 활약했다. 한겨레를 퇴사하고 문재인 후보 캠프에서 일한 후, 오사카 총영사가 되었다.

그러고 보니 한 때, 국회에서 맹활약했던(활약의 성격은 차치하고) 송영선 의원도 그때 게이오대학 방문연구원이었다. 처음 만났을 때 "아이구, 송 피디님, 여기 와계셨네요, 반가워요." 하고 내게 인사했다. 피디수첩에서 봐서 그랬는지, 나를 알고 있었다.

마포 ○○호텔 중식당에서 다시 만난 C일보 편집국장 출신 ○○○. 게이오대학 방문연구원으로 있을 때 한두 번 만났다. 하루는 방문연구원들 여럿이 식사를 하고 술을 마실 기회가 있었다. ○○○이 주동한 모임이라고 들었었다.

록폰기에 있는 한 바. ○○○이 양주와 맥주를 시키고 바텐더를 불렀다. 작은 양주잔과 큰 맥주잔을 사람 수만큼 가져와라. 일본인 바텐더가 난색을 표했다. 양주잔이 들어갈 정도로 큰 맥주잔이 없었다. 무조건 가져오라고 다그쳤다. 일본인들이 맥주를 마실 때 쓰는 작은 사이즈의 맥주잔에 양주잔을 빠트려 폭탄주를 만들더니 다 같이 쭈욱 들이키자고 재촉했다.

나는, 거절했다. "술 못합니다. 더구나 폭탄주는요."

물론 마시자면 못 마실 것도 없다. 하지만 술이 취하면 기분이 좋아지기는커녕 나는 기분이 나빠진다. 맥주 한두 잔 , 소주 한두 잔 마시면서 즐겁게 대화하는 것은 좋아하지만 무엇에 쫓기듯 마시는 술자리는 싫다. 맨 정신에 깊이 있는 대화를 하기 힘드니 우선 빨리 취해 "형님 아우님, 선배 후배" 하면서 친해지려는 의도를 모르는 바 아니나, 그렇게 친해진들 무슨 깊은 교류가 가능하겠는가.

하긴 광주MBC에 "사장님, 혈연 지연 학연보다 더 진한 게 주연酒緣입니다" 하면서 술의 효용성을 주장한 국장이 있긴 했다.

오태규 기자에게 물었다.

"저 양반, 뭐 하던 사람이여?"

"모르세요? 유명한 YS 장학생이잖아요. 자기가 YS 대통령 만들었다고, 국장 시절에 기자들이 써오는 기사, 전부 YS한테 유리하게 자기가 직접 고쳤다고, 자랑하잖아요. DJ가 대통령이 되니까 회사에서 일본에 가 있으라 그랬대나 뭐래나. 그런 얘기를 들었어요."

헐! 부끄러워하기는커녕 그걸 자랑이라고 떠든다고?

폭탄주 자리가 어떻게 끝났는지는 기억에 없다. 아마 2차로 어딜 가지 어쩌고 한 것 같은데 나는 가지 않았다. 기억에 선명하게 남아 있는 ㅇㅇㅇ에 대한 인상은 어쨌든 메이저 신문 편집국장 출신이라는 이가, 일본에 와서까지 폭탄주 타령을 하며 일본인 바텐더를 난처하게 했고, 나는 그 상황이 못마땅했다는 것이다.

그런데, 중식당에서 나를 기다리고 있던 ㅇㅇㅇ이 인사를 나누자마자 말했다.

"역시 송 피디야. 송 피디가 피디수첩을 맡으니까 역시 확 달라진 것 같아. 대단해요."

뜬금없는 칭찬. 책임 피디를 누가 맡든 변함없는 것이 피디수첩인데, 무슨.

○○○이 좍 듣기 좋은 말을 늘어놓는 데는 당연히 이유가 있을 터였다.

아니나 다를까. 예상을 벗어나지 않는 말이 이어졌다.

회유와 협박

"송 피디, 비비케이 방송 좋던데. 좀 더 해줄 수 없소?"

"예?"

"비비케이, 우리한테 자료 많이 있으니까, 말만 하면 얼마든지 협조해드릴게."

"예?"

옆에 있던 MBC 선배가 끼어들었다.

"실은 우리, 박근혜 후보 캠프에 있네."

황당했다. 늘 그런 분위기 속에 살았을 보수신문 출신 ○○○이 청부방송을 해달라고 하는 건 그렇다 쳐도 MBC 출신 선배까지. 선거캠프에 있는 거야 뭐라 할 건 아니지만, 상대 후보를 공격하기 위해 방송을 사주하다니.

"선배님, MBC 잘 아시잖습니까. 더구나 PD수첩인데요."

점잖은 걸로 소문난 선배는 더 이상 푸시하지 않았다. 아마 "당신

MBC출신이니 피디수첩 좀 어떻게 해보시요" 하는 말에 마지못해 나왔을 것이다. ○○○은 달랐다. 한참 이런 저런 얘기를 하더니, 은근슬쩍 흘리듯 말했다.

"송 피디도 사장 한 번 해야지."

뻔하고 진부한 대사였다. 살면서 한 번도 남보다 빨리 가려고 편법을 써본 적이 없다. 옛날 AD에서 PD로 승격할 때, 동기들의 승격은 너도 나도 달랐다. 나는 빠른 편이 아니었다. 그런데도 내가 승격할 때 누락된 어떤 동기생 입이 튀어나왔다. 불평불만을 주위에 쏟고 다녔다.

내가 부장에게 말했다. 아무개를 먼저 승격시키면 어떤가. 나는 다음에 해도 상관없다. 부장이 말했다.

"네가 부장해라."

한나라당 후보가 이명박으로 정해졌다. 박근혜 후보의 가차 없는 폭로와 공격에도 이명박 후보는 끄떡없었다. 뭔가에 홀린 듯 유권자들은 이명박 후보와 관련된 어떤 의혹에도 별반 신경을 쓰지 않았다. 이명박이 대통령이 되면 자신도 부자가 될 수 있다고 철썩 같이 믿었다.

이명박 후보는 테플론 코팅을 한 프라이팬처럼 BBK 의혹과 관련한 어떤 공격도 튕겨냈다. 카메라 앞에서 낯빛 하나 바꾸지 않고 큰 소리로 외쳤다.

"BBK가 어떻다고요? 새빨간 거짓말입니다. 여러분!"

피디들은 BBK와 관련된 새로운 폭로가 나오면 어김없이 아이템으로 다루겠다고 가져왔다. 특별한 이유가 없는 한 말릴 수 없었고 말려서도 안 되었다. 선거일까지 세 번쯤, BBK문제를 다뤘다.

어느 날, 대학 후배인 ○○○이 불쑥 나를 찾아왔다.

"어이구, 웬일이야? 오랜만이네."

"선배님, 왜 자꾸 이명박 후보를 건드리셔요?"

엥? 확 치밀어오르는 부아를 억누르고 차분한 목소리로 말했다.

"건드리다니, 그게 무슨 소리? 기자 출신에, MBC에서 일했었던 사람이, MBC를 모르나? PD수첩을 몰라?"

"우리 쪽에서 안 좋게 보고 있습니다. 대학 선배가 모처럼 대통령 한 번 해보겠다는데, 좀 도와주세요."

옳고 그름의 문제를 학연을 들먹이며 뭉개려 한다. 차라리 적극적으로 취재에 응해 해명하면 될 일을 은근한 협박으로 대응하다니 한심했다.

"피디들이 취재하겠다는데, 무슨 특별한 문제가 없는 한 아무리 내가 책임 피디라고 해도 못하게 할 수 없다는 것 잘 알잖은가?"

후배는 회유와 협박이 섞인 말들을 빙빙 돌려가며 한참 쏟아놓은 뒤 돌아갔다. 가슴 깊은 곳에서 불쾌한 기분이 솟아올라왔다.

대선의 해. 다시 피디수첩 책임 피디와 진행자로 발령 받았을 때 불길한 예감이 들었다. 아무리 부정과 비리가 많아도 결국 이명박이 대통령이 될 것이다. 내게 공부할 시간이 많이 생길 것 같다. 대학원 신방과 박사과정에 등록해야지. 훗날 누군가 말했다.

"송 피디, 박사 된 거 이명박 덕인 줄 알아."

후배의 기분 나쁜 방문이 있은 지 얼마 지나지 않았는데, 또 전화가 걸려왔다. 이번에는 대학 선배였다. 익숙한 굵은 목소리가 전화선을 타고 울렸다.

"어이, 송 피디, 나야 ○○○."

3有 3無 사회적 기업
이화빵집

"사회적 기업 이화빵집 박초희 대표 한 번 만나보세요."

대를 이어 쪽염색을 하는 집안의 며느리, 명하쪽빛마을 최경자 대표가 권했다. 최 대표는 스스로 지역 사회적 기업의 대모가 되고 싶었다고 말하는 나주지역 사회적 기업의 선구자다. 한 달여쯤 전이었다. 혁신도시로 돌아와 바로 통화를 하고 그 후로도 여러 번 통화를 원했지만 그때마다 박 대표는 일 때문에 바빴다. 나주를 떠나 있기도 했다. 사회적 기업 이화빵집의 정식 명칭은 주식회사 아뜰리에 이화*다. 고용노동부가 인증한 사회적 기업으로 2016년에 시작해 착실하게 성장하고 있다. 작업실 화실 스튜디오를 뜻하는 아뜰리에라는 말을 쓴 데서 작품을 만들 듯 과자와 빵을 만들겠다는 의지와 장인정신이 느껴진다. '이화'라는 단어에는 지역성이 담겨있다. 나주시의 시화市花가 배꽃으로 예로부터 배

---

* 아뜰리에 이화 http://www.ewhabread.com/shop/index.php

2016년 시작한 사회적 기업 '아뜰리에 이화'는 채 5년이 안 되어 본점과 분점 세 군데를 운영하고 있다.

는 나주의 특산물이자 상징이다. 나주의 4월은 배꽃의 바다다. 벚꽃 다음에 피는 배꽃은 벚꽃보다 화려함은 덜하지만 기품이 있다. 나주 소재 기업이 배꽃을 이름에 쓴 건 매우 자연스런 일이다. 언젠가 이화여자대학 관련자가 "왜 회사 이름이 이화인가요?" 하고 물은 적이 있단다. 나주를 모르니 그런 질문을 했을 것이다.

첫 통화로부터 한 달 반쯤 지난 날 드디어 박초희 대표를 만났다. 아뜰리에 이화의 사무실은 나주혁신도시 비전타워 4층에 있다. 그녀는 곡성에 있는 전남과학대를 나왔고, 현재 호남대학교 석사과정에 다니며 공부를 계속하고 있다. 원래 꿈은 자립형 도네이션 센터를 설립하는 것이며 지금도 그 꿈은 변함이 없다. '기부문화를 확산하고 농가의 소득을 올리는 데 도움이 되는 사회적 기업을 하자'는 목표를 갖고 있다고 했다. 칠팔년 전에 빵 만드는 기술을 배웠다.

2016년 1월에 사회적 기업가 육성사업에 참여하면서 8월에 아뜰리에 이화를 설립하고 나주시 중앙로에 이화빵집을 냈다.

"각 지역마다 유명한 빵집이 있잖아요. 대전 성심당, 군산 이성당 같은. 우리 지역에도 그런 곳이 있으면 좋겠다고 생각했어요."

수확한 후에 무려 열다섯 종류의 농약처리를 하는 수입밀이 아니라 오랜 세월 우리 땅에서 재배해온, 우리 몸에 가장 적응되어 있는 우리 밀로 안전하고 건강한 빵과 과자를 만들자고 다짐했다. 그러나 우리밀을 원료로 쓰는 건 말처럼 쉬운 일이 아니었다. 제조원가가 상승하기 때문이다. 판매가도 올라갈 수 밖에 없다. 유명 빵 브랜드, 프랜차이즈 빵집들이 각축을 벌이는 시장에서 후발주자가 상대적으로 비싼 빵을 갖고 승부하기는 쉬운 일이 아니었다. 그래도 이화빵집의 성장은 빨랐다. 채 5년이 안됐는데 원도심에 있는 본점에 더해 롯데마트 베이커리 코너, aT(농수산유통공사) 사옥 내 빵집, 혁신도시에 있는 나주로컬푸드직매장 안의 베이커리 코너를 운영한다.

'아뜰리에 이화'는 일자리 창출에도 기여하고 있다. 현재 17명의 직원이 모두 정규직으로 일하고 있다. 그 중 세 명은 장애인이다. 사회적 취약계층을 위한 복지 사업에도 힘을 쏟고 있다. 전남장애인복지관과 업무협약을 체결해 장애인을 위한 직업진로체험 교육, 집에 머무는 장애인을 위한 지원사업을 전개하고 있다. 작은 규모로 농사를 짓는 소농들을 위한 지원 사업도 한다. 나주배와 팥을 수매해 사용하고 있다. 레드오션인 빵 시장에서 경쟁력을 확보하기 위한 노력도 게을리 하지 않는다. 각종 제과제빵 경연대회에 나가 상을 타고, 자체 개발한 나주배발효

'아뜰리에 이화'는 세 명은 장애인을 포함해 현재 17명의 직원이 모두 정규직으로 일하는 등 일자리 창출에도 기여하고 있다.

종을 이용해서 나주배빵 특허를 내고, 배꽃빵 제조용 성형틀의 실용신안등록을 했다.

이런 노력들이 효과를 나타내 아뜰리에 이화는 길지 않은 기간에 상당한 성장을 했다.

"혹시 1년 매출이 얼마나 되는지 말해줄 수 있을까요?"

"2020년 매출이 총 ○○○ 정도 됐습니다."

훨씬 많은 매출을 생각했는데 예상과 다르다.

"그걸로 열일곱 명 직원, 박 대표, 박수진 이사의 임금과 운영비, 다 충당할 수 있어요?"

"박수진 이사는 자원봉사고요, 나머지는 어떻게든 되네요."

박수진 이사는 나주시 세지면 화탑마을에 있는 화탑영농조합법인의 상임이사로 아뜰리에 이화의 이사를 겸하고 있다. 아뜰리에 이화를 설립하고 자립할 수 있기까지 처음 3년은 박초희 대표 개인 돈도 솔찬히 들어갔다. 물론 사회적 기업에 제공하는 시도의 지원금도 도움이 됐다.

그런데 박 대표는 아직 기한이 남아 있는 시도지원금을 작년 11월부터 받지 않고 있다.

"가만 생각해봤어요. 지원금에 의존하다가 끊겼을 때 과연 생존이 가능할 수 있을지. 외부의 도움 없이 존속할 수 있는 회사를 빨리 만들자. 따져보니 지원금을 안 받아도 해나갈 수 있겠다는 결론이 나왔어요."

대단하다. 코로나로 힘들지만 올해만 버텨내면 충분히 승산이 있단다. 다행히 코로나 속에서도 매출은 늘고 있다. 오프라인 매장의 판매도 순조롭고 화탑영농조합법인과 협력하여 진행하고 있는 온라인 판매실적도 점점 좋아지고 있다. 화탑마을에서 생산하는 배와 팥도 팔고, 화탑한우라는 브랜드로 쇠고기도 팔고 있다.

박초희 대표의 최종 목표는 '자립형도네이션센터'다. 아뜰리에 이화는 최종 목적지를 향해가는 수단일 뿐이다. 아뜰리에 이화의 사무실은 혁신도시에 있지만 박 대표는 원도심에 산다.

"나주에 산 지 팔구년 됐을까요. 편하고 좋아요. 구태의연한 옛날 사고와 문화도 남아 있지만 크게 신경쓰지 않아요. 안 맞으면 우리가 새로운 문화를 만들면 된다고 생각해요."

나주에 살며 활동하는 이들 중에 역량 있는 좋은 사람들이 많다. 아직 40대인 박초희 대표도 그중의 하나다. 이들의 역량을 최대한 결집해 지역발전에 기여할 수 있도록 하는 일이 지역 리더십의 과제다. 나주로컬푸드직매장에 있는 베어커리코너에는 큼지막하게 높이 달려 있는 글귀가 눈길을 끈다. 3유有 3무無. 아뜰리에 이화에는 '목장우유, 천연발효종, 유정란' 세 가지가 있고 '계량제, 유화제, 방부제' 세 가지가 없다는 뜻이다.

골목청년과
니나노플래닝

금성관에서 서쪽으로 향교길을 따라 가다 보면 금남길과 열십자로 교차하는 네거리가 나온다. 네거리 모퉁이에 한때 '카페 골목청년'이 있었다. 카페가 생각했던 것만큼 장사가 되지 않아 접고 현재는 영상콘텐츠 제작을 주업으로 하는 예비 사회적 기업 '니나노플래닝'의 사무실 겸 작업실이다. 니나노플래닝에는 두 명의 공동대표가 있다. 노건휘와 임재환. 둘은 모두 강릉에서 태어나 초중고를 같이 다닌 친구다. 노건휘 대표(29)는 공주에 있는 한국영상대학에서 공부했다. 한국영상대학은 실무위주 교육으로 정평이 나있다. 임재환 대표는 대학에서 미술과 사회복지를 전공했다. 처음에는 친구인 건휘한테 '강릉에서 같이 일하자'고 제안했으나 거꾸로 설득 당했다. 먼저 나주에 자리 잡은 건휘가 오히려 '나주에서 같이 해보자'고 했고, 임 대표도 나주가 맘에 들었기 때문이다. 노건휘 대표는 어떻게 나주와 인연을 맺게 됐을까.

"문화이벤트연출을 전공했어요. 졸업반 때 실습을 광주에 있는 온세미디어에서 했는데 나주 원도심에서 골목축제가 열렸어요. 와서 봤는데 너무 좋은 거예요. 골목의 분위기, 특히 요 앞 돌담이요.”

2016년. 대학 졸업을 앞두고 온세미디어에서 실습을 할 때 찾은 나주 특히 골목길에 반한 노건휘는 궁리했다. ‘여기서 뭔가 재밌는 일을 해볼 수 없을까. 한 공간을 여러 개로 나누어 각기 장르가 다른 음식을 테이크아웃하는 요식사업 몰을 해보면 어떨까. 누구는 수제맥주, 누구는 닭꼬치, 누구는 또 뭐 등등…’ 빈 가게를 물색했다. SNS와 홍보물을 통해 몰 입주 희망자를 모집했다. 광주의 대학들과 나주의 동신대학교 학생들을 타겟으로 했다. 청년들이 모였다.

몰 임차료는 노건휘 대표가 부담하고 관리비는 공동으로 부담한다는

‘카페 골목청년’은 영상콘텐츠제작을 주업으로 하는 예비 사회적 기업 ‘니나노플래닝’의 사무실 겸 작업실이다.

원칙을 세웠다. 그러나, 생각만큼 쉽지 않았다. 입주 희망자들의 의견이 충돌했다. 각기 다른 아이템을 상호보완하며 장사하는 몰을 생각했는데 아무도 양보하려 하지 않았다. '나도 맥주 팔고 닭꼬치도 팔고 다 팔고 싶다'. 남의 떡이 커보였기 때문이다. 원대한 구상이 돛을 올리기도 전에 좌초해버렸다.

2017년 대학을 졸업한 후에도 온세미디어에서 계속 일하던 노건휘는 2018년 회사를 퇴직했다. 서울의 극심한 경쟁에 시달리며 심신이 피폐해지지 않아도 되는 지역에서, 좋아하는 일을 하며 재밌게 살면 우리를 부러워하는 젊은이들이 늘어나고, 우리를 보고 그런 젊은이들이 지역으로 내려오면 좋겠다고 생각했다. 몰 사건을 통해 현실은 생각처럼 움직이지 않는다는 교훈을 얻은 노건휘는 형 노중휘와 둘이서 '카페 골목청년'을 시작했다. 차를 사려고 모아놓은 돈과 부모님한테 지원받은 돈

2016년 대학 졸업을 앞두고 회사 실습을 할 때 찾은 나주 골목길에 반한 노건휘 대표는 회사를 그만두고 '카페 골목청년'을 시작했다.

을 밑천으로 삼았다. 전공인 영상콘텐츠 제작일도 병행했다. 카페 골목청년 역시 기대만큼 잘 되지 않았다. 영업을 중단하고 영상콘텐츠 제작에 집중하기로 했다. 직원들도 늘었다. 대학 때 절친인 김찬호 PD(29)는 "건휘가 일을 따오면 저는 뒷처리를 해요"라고 반농반진으로 말한다. 대학 후배인 유나라 PD(25)는 노건휘 대표가 대학에 특강을 나갔다가 알게 됐는데, 학과 실습을 골목청년에서 했다. 코로나 사태가 터지면서 취업할 기회를 잡지 못하고 있다가 올해부터 니나노플래닝의 일원이 됐다. 김용성 PD(27)는 노건휘 대표가 온세미디어에서 일할 때 만났다. 군대를 마치고 음향회사 직원으로 일하고 있다가 '같이 재밌는 일을 해보자'는 노 대표의 제안에 흔쾌히 동의했다. 노건휘, 임재환 두 공동대표를 더하면 니나노플래닝의 식구는 총 다섯이다.

니나노플래닝은 나주 문화도시조성사업단, 혁신도시에 입주한 공공기관, 서울 돈의문박물관의 의뢰를 받아 영상물을 제작해 납품한다. 의뢰가 들어오면 유튜브 라이브 방송도 해준다. 그런데, 나주에서 영상콘텐츠 제작 일을 하며 정규직 다섯 명으로 구성된 회사를 경영하는 게 가능할까?

"저와 임 대표는 월급이 없어요. 나머지 스태프는 모두 월급을 주고요. 최저시급 정도에 불과한 금액이지만요."

니나노플래닝은 올해 일자리창출형 예비 사회적 기업으로 선정됐다. 다음 단계는 사회적 기업이 되는 것이다. 이를 위해 임재환 대표가 광주대학교 사회적 기업 육성 과정에 등록해 공부했다. 고용노동부의 위탁을 받아 실시하는 교육이다. 사회적 기업이 되면 고용노동부로부터 전문인력의 인건비를 지원받는다. 3년에 걸쳐 한 명의 인건비 일부를 지원받는데 첫 해는 80%, 이듬해는 70%, 마지막 해는 60%다. 회사 경영은 녹록치 않다. 매달 아슬아슬 월급날을 넘기고 있다. 저절로 굴러가는 회사가 될 때까지 우선은 구조를 만드는 일에 집중하고 있다.

"내년부터는 우리들 공동대표도 월급을 받을 수 있었으면 좋겠어요."

노건휘 대표가 눈웃음을 지으며 말한다. 도대체 어두운 구석이 없다. 아름다운 젊음이다.

니나노플래닝 식구들은 대부분 음악을 할 줄 안다. 노건휘 대표는 학교에서 밴드활동을 했다. 기타와 타악기를 다룰 줄 안다. 임재환 대표는 건반과 기타, 김찬호 PD는 카혼과 타악기를 연주한다. 유나라 PD는 피아노, 바이올린, 하프를 연주할 줄 안다는데, "한 번도 못봤어요" 하고 다른 멤버들이 소리친다. 일하는 틈틈이 작사 작곡을 해 노래를 만들고 있다. 나주를 테마로 한 노래 '한적한 거리'를 만들어 공개했다.* 두 번째 곡인 '아침이 오겠죠'는 가녹음 상태다. 현재 외부에서 보컬을 구하고 있는 중이다. 노건휘 대표는 나주 원도심의 어떤 점이 좋았을까.

"아직 때가 많이 묻지 않은 게 좋아요. 개발이 덜 돼 있다는 게 오히려 매력 같아요."

"사람들 머릿속에 나주는 곰탕 한 그릇 먹고 지나가는 곳이지, 머물며 여행하는 곳이라는 인식이 없어요. 나주를 전주처럼 만들자는 얘기들을 하는데 쉽지 않다고 생각해요."

최근 활발하게 이루어지는 도시재생사업과 연관해 노건휘 대표는 천년고도 나주가 '청년이 돌아오는 살기 좋은 도시'로 재탄생하면 좋겠다고 생각한다. 하지만 차라리 손을 대지 않는 게 낫겠다고 여겨지는 경우가 여럿 눈에 띈다고 했다. 구조적인 문제가 있다고 느껴 안타깝기 그지없다고도 했다.

니나노플래닝의 다섯 젊은이들은 모두 이십대다. 아직 결혼한 사람은 없다.

"올해 안에 결혼할 사람은 있어요."

노건휘 대표는 결혼을 약속한 여자 친구가 있다. 5년째 교제 중인데 서울에 있는 광고기획사에서 일한다. 결혼하면 나주에 와서 살 예정이란다. 어떤 친구는 모처럼 광주에서 하고 싶은 일을 찾았는데 결혼할 여자 친구가 안 내려오겠다고 해서 직장을 포기하고 다시 서울로 올라가던데….

---

* 노래 '한적한 거리'. https://youtu.be/6cW4CcjdZtU

일자리창출형 예비 사회적 기업으로 선정된 니나노플래닝의 식구들.

"고민을 좀 하는 것 같더니 내려오겠대요. 일은 나주나 광주에서 찾아야겠죠. 일단 우리랑 같이 일하지는 않을 거예요."

노건휘 대표도 대단하지만 여자 친구도 훌륭하다.

"기념으로 사진 한 장 찍을까요?"

"좋아요." 제안에 망설임 없이 반응한다. 함께 사진을 찍는다. 모두 손가락 하트를 하고 화이팅을 외친다. 활달하고 유쾌한 것이 나이 든 세대하고는 확실히 다르다.

모두들 서울로만 향하는 세태에서 아무런 연고도 없는 나주로 내려와 회사를 만들고 정착하려는 청년들이 있다는 사실이 놀랍고 고마운 일이다. 나주는 이런 젊은이들을 두 팔 벌려 환영하고 '불편한 거 없느냐', '뭘 도와주면 좋겠냐'고 물어야 한다. 행정이 할 수 있는 일을 찾아 적극적으로 지원해야 한다. 젊은이들 사이에서 '나주에 가면 모두들 따뜻하게 대해주고, 돈을 벌 기회와 재밌게 놀 기회가 넘쳐난다'는 소문이 나게 해야 한다. 혁신도시는 물론 원도심에도 타지에서 온 젊은이들이 바글거리는 나주를 만들어야 한다. 망하는 나라는 성을 쌓고 흥하는 나라는 도로를 건설한다지 않는가. 화이팅! 승승장구 니나노플래닝!

이화찬,
로컬푸드 사회적 기업

혁신도시 로컬푸드직매장 안, 이화빵집의 대각선 코너에 반찬가게가 있다. 벽 높이 걸린 간판에 '골라담은 정성 한 상 이화찬'이라고 쓰여 있다. 이화찬. 이화빵. 모두 이화라는 이름이 들어 있다. 혹시 같은 그룹 소속? 이화빵 박초희 대표와의 인터뷰에서 한 번도 이화찬이라는 단어는 나온 적이 없으니 주식회사 아뜰리에 이화의 다른 사업 아이템은 아닐 것이라고 짐작했다. 물어보고 싶었으나 일하는 분들이 바빠 보여 단념했다. 나중에 기회가 되면 한 번 알아봐야지 했는데 생각보다 기회가 빨리 왔다. 후배가 이화찬 김미선 대표를 만날 자리를 마련했다. 혁신도시 우미린 아파트 후문에 있는 카페 '로띠 번'. 한 눈에 봐도 사업가 같은 단정한 차림을 한 여성이 커다란 피크닉 바구니를 들고 들어왔다.

"만나 뵙고 싶었어요. 바쁘실 텐데 시간 내주셔서 감사해요."

이미 나를 알고 있었다. 책 〈송일준 PD 제주도 한 달 살기〉도 읽었단다. 게다가 과거에 방송 리포터 일을 한 적도 있다고 하니 과연 방송인

이화찬은 기업이나 공장의 위탁을 받아 단체급식을 제공하고, 가정에서 받을 수 있는 반찬 세트 '이화찬 가정식 꾸러미 반찬'을 개발해 판매하고 있다.

같은 분위기가 있었다. 인사를 끝내자마자 바구니에 담긴 것들을 꺼내 테이블 위에 진열한다. 진공 포장된 간편식. 안전관리인증HACCP을 받은 '김미선 명인 수육 나주곰탕'과 '김미선 명인 내 아이 곰탕'이다. 병에 담긴 발사믹드레싱초도 있다. 모르는 사람 눈에는 내가 물건 사러온 바이어처럼 보일 것 같다.

"지역의 식자재로 건강한 먹거리를 만들어 판매하고, 생산자인 농민들에게 도움이 되는 협동조합을 만들고 싶었어요. 지역에서 일자리도 창출하고요. 여러 사람이 하지 말라고 말렸지만 그래도 해보고 싶은 건 해야죠."

그래서 2014년 '협동조합 두레박'을 설립했다. 설립 취지는 이렇다.

- 새로운 비즈니스 모델로 지역의 결식아동과 소외된 어르신들에게 무료로 음식을 제공한다.
- 안전한 먹거리를 공급하기 위해 음식사업, 가공식품사업을 한다.
- 취약계층 소외계층을 위해 일자리를 창출하고, 사회공헌사업을 한다.

조합원은 열 명. 출자금액은 각자 다르다. 첫 해에 4천만 원이었던 자본금은 조금씩 늘어 지금은 1억원이다. 총 열두 명이 일한다. 작은 회사지만 필요한 기능은 갖춰야 한다. 영업, 기획, 사회공헌⋯ 조리 부문에서는 이주민 여성들도 일하고 있다. 적은 인원이다 보니 혼자 한 가지 일만 할 수 없다.

"특히 관리쪽 직원은 여러 가지 일을 다 하고 있어요. 올라운드 플레이어가 돼야 합니다."

기업이나 공장의 위탁을 받아 단체급식을 제공하고, 가정에서 받을 수 있는 반찬 세트 '이화찬 가정식 꾸러미 반찬'을 개발해 판매하고 있다. 회원으로 가입하면 매주 두 번 월요일과 수요일에 집에서 받을 수 있다. 나주에서 수확한 식재료로 만든 도시락은 호평을 사고 있다.

"우리 같이 작은 사회적 기업이 생산하는 제품에는 스토리가 있어야 한다고 생각해요."

도시락 이름에 영산강, 금성산, 장화왕후, 태조왕건을 붙인 까닭이다.

"나주 곰탕이 인기잖아요. 줄을 서서 먹고, 1회용 배달용기에 담아 가기도 하는데, 그 모습이 보기 좀 그랬어요. 깔끔하고 편하게 먹을 수 있는 제품을 개발해보자 생각했어요."

앉자마자 피크닉 바구니에서 꺼내놓은 '명인나주곰탕', '명인내 아이

곰탕', '명인장어탕', '명인추어탕'이 그것들이다. '내 아이 곰탕'에 눈길
이 끌린다.

　"어른들 먹는 걸 아이에게 주려면 작게 잘라야 되잖아요. 게다가 어른
용은 나트륨 과다섭취 위험도 있어요. 거기에 착안해서 먹기 편하고 건
강에도 좋은 어린이용 곰탕을 만들었어요. 작은 크기의 수육, 저염식.
내 아이한테 먹여도 아무런 문제가 없는 음식이라는 뜻으로 이름도 내
아이곰탕으로 붙였고요."

　영산강과 나주평야가 있어서 예로부터 나주는 먹을거리가 풍부했다.
맛에 대한 사람들의 감각도 뛰어났다. 전라도의 양대 축인 전주와 나주.
당시에 '전주는 모양, 나주는 맛'이라 했다. 그 말에 걸맞게 나주에는 어
팔진미魚八珍味와 소팔진미蔬八珍味가 있었다. 나주문화원 자료에 의하면
어팔진미는 조금물 또랑참게, 몽탄강 숭어, 영산강 뱅어, 구진포 웅어,

황룡강 잉어, 황룡강 자라, 수문리 장어, 복바위 복어 등이고, 소팔진미
*는 동문안 미나리, 신월 마늘, 홍룡동 두부, 사매기 녹두묵, 전왕면 생
강, 솔개 참기름, 보광골 열무, 보리마당 겨우살이다. 요즘 목포가 맛의
고장味鄕을 내세우며 도시마케팅을 하고 있고 성과를 거두고 있지만, 나
주야말로 미향이었다. 나주 곰탕이 맛있는 것은 나주에서 생산되는 한
우의 질이 좋기 때문이다. 나주한우라는 이름은 들어본 적이 없겠지만,
나주에는 수많은 축산농가들이 있다. 소, 돼지, 닭, 오리 등등. 전남 최
고다. 오리 생산량도 전국 최고, 한우를 키우는 농가들도 엄청나게 많
다. 영산포에는 전남에서 가장 큰 최신식 도축장이 있다. 기왕에 전국적
으로 유명한 나주곰탕이 있는 마당에 나주곰탕만이 아니라 나주에서 생
산되는 소고기 등을 활용한 지역활성화 방안을 고민할 필요가 있겠다.
영산포발전협의회의 제안으로 음식거리 사업이 추진되고 있다는 애길
듣는다. 다행이다.

　지역 농산물을 활용한 먹거리 개발을 두고 김미선 대표는 오래 고민
했다. 나주의 상징 배를 이용해 부가가치 높은 제품을 만들어보자 생각
하고 지자체 담당자와 상의했다.

　"한 번 개발해보세요. 도와드릴 테니."

　농사를 하면 피할 수 없는 자연 재해. 큰 바람이 불어 떨어진 낙과를
활용해 식초를 개발했다. 보존료, 감미료, 착향료를 일체 쓰지 않는 무
첨가 천연발효식초, 나주배 발사믹드레싱초, 샐러드에 뿌려서 먹을 수

---

* 나주토박이 나종삼 옹은 나주 팔진미에 들어가는 콩잎에 관한 이야기를 들려주었는데(나주시발행, 이수자
편, 나주토박이 나종삼 옹이 들려준 옛날 이야기2, p. 227), 위의 소팔진미에 콩잎은 들어있지 않으니 어찌된 일
인지 모르겠다.

있는 드레싱용 식초 등이다. 매콤한 맛과 달콤한 맛 두 가지 제품을 예쁘게 박스에 담아서 팔고 있다. 그런데 모든 제품의 마지막 문제는 언제나 '유통'이다. 최고의 나주 한우 수육으로 고급스럽게 만든 곰탕은 재료비가 비싸다. 하루 생산량은 800개에서 최대 1200개 정도. 이 정도론 수지를 맞출 수 없다. 홈쇼핑 같은 데서 연락이 오지만 선뜻 응하지 못하고 있다. 한 번 판매에 최소 만 개는 만들어 공급해야 하는데 능력이 안 된다.

"나주 혁신도시에 들어와 있는 공기업 수가 열여섯이어요. 준공기업까지 치면 열여덟인데 이 회사들이 구내식당에서 한 달에 한 번이라도 곰탕데이를 정해 팔아주면 좋겠어요."

직원 열 명의 작은 사회적 기업이라 부족한 인력 탓에 직접 발로 뛰며

이화찬 매장이 입점해 있는 혁신도시 로컬푸드직매장.

하는 영업에는 한계가 있다. 지자체의 도움을 받기도 쉽지 않다. 개발을 권하며 지원을 약속했던 담당자는 인사이동으로 자리를 옮겼다. 좋은 뜻을 세우고 지역에 도움이 되는 일을 해보려 악전고투하고 있는데 너무 힘들다. 김 대표는 회사를 운영하며 부닥치는 어려움을 얘기하는 도중 간간히 말을 참았다. 혹시라도 오해를 살까 조심스러워한다는 느낌이 들었다.

"공장이 바로 요 옆이니 한 번 보실래요?"

"그럴까요."

여러 번 갔던 한정식집 해미연과 가까운 곳에 이화찬이 있다. 점심 배달시간인 듯 남자 직원이 박스에 도시락을 담고 있다. 이주민 여성 둘이 식사를 하려다 피한다. 조리실을 구경한다. 공장과 사무실. 설립 7년째라는데 생각보다 작다. 여기서 시민들에게 음식문화 강좌도 하고 이주민을 위한 한국음식 만들기 교육도 한다. 내친 김에 로컬푸드 직매장도 가본다. 이화찬이 있는 코너의 벽 높이에 커다란 플래카드가 걸려 있다.

〈고용노동부 장관상 수상 기념 고객 감사 이벤트. 기간 7월 19일~30일〉

지역농산물 판로를 확대하고, 지역특화제품 개발을 통한 지역연계 사회공헌 비즈니스모델 운영, 독거노인 및 결식아동 무료급식을 통한 먹거리 기본권 제공, 다문화가정 교육지원, 지역사회적 기업 활성화 등에 기여한 공으로 장관상을 수상했다.

편한 삶을 놔두고 일부러 힘든 길을 선택하는 이들이 있다. 개인적 안락함보다 공의를 위한 일에 보람을 느끼기 때문이다. 김미선 대표의 스토리에 공감하는 이유다. 이화찬. '배꽃반찬'이라는 뜻이다. 이름 잘 지

로컬푸드직매장의 이화찬 매장에서는 고용노동부 장관상 수상 기념 이벤트를 하고 있었다.

었다고 했더니 김 대표가 말했다.

"공모해서 고른 이름이에요."

나주의 상징 배, 배꽃, 배꽃 반찬, 이화찬.* 기억하고 애용하면 좋겠
다.

---

* 이화찬. http://www.ihwachan.com/

영산포
대신이발관

뭐가 그리 바쁜지, 아니 실은 차일피일 미루다 한 달 이상 지나버렸다. 삐죽빼죽 되는 대로 자란 머리칼이 눈에 거슬리고 가뜩이나 더운 날씨가 더 덥게 느껴졌다. 아무 데나 가까운 미용실에 가서 잘라도 되겠지만 왠지 어릴 적 다니던 옛날 방식 그대로의 이발관에 가보고 싶다. 지도에서 이발관을 검색한다. 나주에 있는 이발관들이 거의 서른 곳이나 된다. 원도심이나 영산포 쪽을 살핀다. 영산포가 끌린다. 대신이발관. 혁신도시에서 빛가람 대교를 건너 우회전 하면 원도심, 좌회전 하면 영산포다. 핸들을 왼쪽으로 꺾는다. 예향로를 타고 달리다 영산대교를 건너 계속 전진하다 유턴한다. 몇 백 미터쯤 가니 보인다. 영산포행정센터로 가는 골목 입구에 대신이발관이 있다. 문을 열고 들어서니 노인 한 분은 이발 중, 다른 한 분은 대기 중이다. 오래된 브라운관 테레비는 트로트 프로그램에 맞춰져 있다. 사각사각 가위질 소리와 구성진 뽕짝 리듬이 이발관 안을 채우고 있다. 한가롭고 평화로운 풍경이다.

영산포행정센터로 가는 골목 입구에 옛날 방식 그대로인 대신이발관이 있다.

긴 시간을 기다리다 의자에 앉는다. 이발사의 인생 이야기를 들을 절
호의 기회다.

"이발 오래 하셨어요?"

"예. 어릴 때부터 했으니까… 얼마나 됐을까요."

김형택 씨. 그렇게 보이지 않는데 일흔두 살이다. 해남 옥천에서 태어
났다. 초등학교 때 아버지가 영산포로 이사했다. 영산포는 멀고 가난한
벽지 출신 어린 소년의 눈에 화려하고 풍요로운 도회지였다. 지금 영산
포에서 그 옛날 영산포를 상상하기는 쉽지 않다.

"영산포는 계속해서 쇠락해 왔지라. 영산강이 하구언으로 막힌 뒤부
터 그런 것 같아요. 배들이 그렇게 많았는디."

60여 전. 김형택 씨가 초등학교를 마치고 야간 중학에 진학했을 때
도 농사를 짓던 형택 소년네 집은 여전히 가난했다. 아버지는 공부보다

농사일을 시키려 했다. 어머니가 말했다.

"형택아, 너는 기술을 배워라이. 기술이 있으면 굶어 죽을 일은 없어야."

이발 기술만 익히면 잘 살 수 있을 것 같아 중학 1학년을 중퇴하고 동네 이발소에서 일을 시작했다. 청소를 하고, 수건을 빨고, 머리 감는 일을 했다. 주인 이발사는 아무리 시간이 가도 이발 기술을 가르쳐주지 않았다.

"머리 감는 일만 2년을 했어요."

마침 강원도에서 이발소를 하는 동네 친구 형이 있었다. 간신히 차비를 마련해 강원도 영월로 찾아갔다. 나무를 때서 덥힌 물로 머리를 감고, 겨울이면 얼음을 깨서 떠온 냇물로 옥수수밥을 해먹었다. 머리맡에 떠놓은 물 사발은 꽁꽁 얼어붙었다. 면도를 배우고 이발 기술을 배웠다. 그럭저럭 돈벌이가 되던 친구 형 이발소에 폭탄이 떨어졌다. 면허 없이 이발소를 한다고 누군가 고자질을 했다. 벌금을 때려 맞고 문을 닫아야 했다.

"형택아, 영산포 집에 가서 돈 마련 해갖고 올랑께 너는 여그서 기다리고 있어라이."

친구 형은 마을 사람들에게서 털옷이며 차비를 빌려서 떠났으나 아무리 기다려도 돌아오지 않았다. 나중에 들으니 영산포에 돌아와 돈을 마련할 방도도 없고 살 길도 막막했는지 스스로 목숨을 버렸다고 했다. 영산포 집으로 돌아가고 싶었지만 차비가 없었다. 동네에 형무소에 다녀온 이가 있었다. 아무도 도와주지 않을 때 그 사람이 돈을 쥐어줬다.

"형택아, 이걸로 차비에 보태라."

세어보니 영산포까지 갈 차비에는 턱없이 모자랐다. 제천까지 갈 정도의 돈이었다. 제천까지 간 다음에는 걸어서 갈 수밖에 없었다. 그렇게라도 집으로 돌아가야지 했는데 몇 푼 안 되는 돈을 다 쓰기가 싫었다. 제천 못미쳐 내렸다. 일할 이발소를 찾았는데 한 군데에서 머리 감는 일자리를 줬다. 이곳 주인도 각박했다. 가끔 푼돈을 줄 뿐 제대로 월급을 줄 생각이 없었다. 이발소에 오는 화장품 장사한테 '돌아다니다가 어디 면도사나 이발사 구하는 데 있으면 소개해달라'고 부탁했다.

강원도 고한의 이발소에서 와보라는 연락을 받았다. 고한역에 내리자 거리가 온통 흙빛이었다. 탄가루가 쌓인 길은 발이 푹푹 빠졌다. 지금도 이름을 기억하는 '중앙이발관'. 주인 이발사는 무지하게 엄격했다. 종업원들과 꼭 함께 식사를 했는데 조금만 식사 예절에 어긋나면 호통을 쳤다. 면도를 하고 이발을 하고 나면 반성회를 가졌다. '그 따위로 머리를 자르면 되느냐', '그것도 면도라고 하느냐' 등 가혹했다.

"그때는 너무 심하다 생각했는데 지금 생각해보면 거기서 제대로 배웠어요. 손님들이 나를 보고 면도를 지나치게 꼼꼼하다느니 말씀들을 하는데 그렇게 배운 때문이어요."

먼저 긴 머리를 바리깡으로 밀고 거품을 칠한 다음 면도날로 다듬고 세밀하게 가위질을 한다. 수염을 면도질하고 입술 가장자리를 손가락으로 집어들고 털구멍까지 면도를 한다. 귓볼을 면도하고 안쪽 털을 깎는다. 작은 가위로 콧털을 자른다. 속성 커트점에서는 맛볼 수 없는 섬세한 서비스다. 시간은 오래 걸리지만 대신이발관의 이발 시간은 힐링의 시간이다. 도회지 생활에서 언제부턴가 이발은 그저 후딱 해치워야 하는 귀찮은 행사가 되어버렸다.

일흔둘 연세의 이발사 김형택 씨. 이발관에서 세상을 내다본다. 지역에 대한 생각이 깊다.

고한에서 제대로 이발 기술을 익힌 후 서울로 갔다. 남의 이발소에서 기술자로 일하다가 사정이 생겨 내놓은 아는 사람의 이발소를 물려 받았다. 스무살 밖에 되지 않은 솜씨 좋은 청년 오너 이발사라고 손님들이 몰렸다. 도봉구 번동과 수유리에 두 곳을 경영했다. 돈이 막 들어왔다. 돈이 생기자 여자들이 꼬였다. 흥청망청 벌어놓은 돈을 탕진했다. 뒤늦게 후회해봤자 소용없었다. 수유리 이발소 앞에 북부신진자동차학원이 있었다.

"사장님, 앞으로는 자가용 시대가 될 테니 면허증 따놓으셔요."

자동차학원 조교가 권해서 운전학원에 등록하고 면허를 땄다. 군대를 갔는데, 이발 특기라고 썼으면 이발병으로 편하게 군복무를 했을텐데

폼을 잡는다고 특기에 운전이라고 써서 운전병이 되었다. 중대장 운전을 할 땐 좋았는데 장교 친척이 운전특기로 들어오자 트럭 운번병으로 밀렸다. 어느 날, 부대장을 태우고 부대로 복귀하던 중 운전대가 맘대로 노는 기분이 들었다. 부대장이 목재소에 들러 목재 좀 얻어가자고 말했다. 부대장이 목재소로 들어간 사이 시동을 켜놓은 채 트럭 밑으로 들어갔다. 운전대를 고정시키는 축의 너트가 풀려 있었다. 한참 너트를 조이고 있는데 갑자기 트럭이 움직였다. 온 몸이 트럭 바퀴에 깔렸다. 정신을 잃었다. 고참 트럭 운전병이 자기가 모는 트럭의 상태가 좋지 않자 길가에 세워진 형택의 트럭을 발견했다. 시동은 켜져 있겠다, 자기보다 계급이 낮은 병사의 차겠다, 자기 차를 세워놓고 형택의 차를 몰고 가려 한 것이다. 갈비뼈가 부러져 폐를 찔렀다. 골반뼈가 완전히 벌어졌고 다리뼈가 제자리를 벗어났다. 다행히 척추는 무사했다. 안 그랬으면 식물인간이 되었을 것이다. 죽을 고비를 넘기며 종교를 갖게 됐다.

"하나님이 저를 살렸어요. 사람도 변했어요. 돈 좀 벌었다고 방탕한 생활을 하고, 오만하던 내가 새로 태어났어요."

김형택 씨는 영산제일교회 장로다. 이발관 안에는 잠언의 한 구절이 걸려 있다.

"너의 행사를 여호와께 맡기라. 그리하면 너의 경영하는것이 이루리라."

제대로 수술을 했으면 빠진 다리뼈를 제자리에 붙였을 텐데 그렇게 되지 않았다. 오른쪽 다리뼈가 위로 들러붙어 왼쪽 다리보다 많이 짧아졌다. 2년 반을 군 병원에 입원해 있다가 제대했다. 영산포 집으로 돌아왔으나 먹고 살 길이 막막했다. 원호처에 취업 알선을 청원했다.

"광주 임동에 있는 현대자동차 정비소에 일자리를 알선 해주드만요. 차량의 입출고를 관리하는 자리였는디, 월급은 한 6만 원쯤 됐구요. 광주까지 출퇴근해야지, 밥 사묵어야지, 너무 빠듯했지라."

'나한테는 이발 기술이 있응께 하루에 몇 명 정도만 하면 지금 받는 월급은 일도 아닌디'. 이발 일을 하고 싶다는 생각이 형택의 뇌리를 떠나지 않았다. 영산포 어느 이발소 사장을 만나 일을 시켜 달라 부탁했다. 돌아온 대답이 매정했다.

"아따 아직도 불편헌디 몸이나 신경 쓰제 먼 이발을 헌다고 그래. 하루 종일 서 있어야 되는 일인디."

사실 다리가 아직 정상이 아니었다. 무리를 하면 발이 퉁퉁 부었다. 거절한 이발소 사장은 자신을 진정으로 생각해서 그랬을 수도 있었다. 그래도 이발이 하고 싶었다. 영산포 이발관 한 군데서 서울에서 날리던 이발사라는 걸 알고 일자리를 주겠다고 했다. 다니던 회사에 사표를 냈다. 솜씨를 제대로 발휘했다. 이발소와 삼칠제로 수입을 나눴다. 어느 날 단골 손님 한 분이 형택에게 권했다.

"왕곡에 와서 이발소 한 번 해보소."

왕곡에 이발소를 냈다. 제법 손님이 많았지만 이발소도 많아 텃세가 심했다. 영산포로 옮겼다.

학력도 없고, 이발사라는 직업에 장애인. 결혼은 포기하고 있었다. 친구들이 결혼하는 걸 보고 서른 살이 되자 생각이 달라졌다. '나도 결혼하고 싶다.' 다니던 교회에 참한 처녀가 있었다. 둘이 좋아하는 사이가 됐다. 처녀의 어머니가 펄쩍 뛰었다. 반대를 무릅쓰고 결혼에 골인했다.

"그때 경험하고 나서 남한테 절대 모질게 해서는 안 된다고 생각하게 됐어요. 즈그들끼리 좋다는데 부모라고 반대하면 되겠어요. 아내한테는 너무 고맙지요."

사랑으로 친정 어머니의 반대를 무릅쓰고 형택 씨와 결혼한 처녀는 사십 년 넘는 세월을 남편과 해로하며 지금도 목재회사에서 경리로 일한다. 전라남도의 문화재를 보수하는 데 들어가는 목재를 공급하는 회사다. 슬하에 아들 하나 딸 하나를 두었다. 아들은 광주의 복지기관에서 일하고, 딸은 장교와 결혼해서 오산에 산다. 일본계 전자회사에서 일하고 있다.

나주읍 교동에 살 때 나는 나주중학교 앞에 있는 이발소를 다녔다. 아주 어릴 적에는 의자 팔걸이에 판때기를 걸치고 그 위에 앉았고, 키가 자라서는 어른들처럼 의자에 앉았다. 앞 벽에는 푸시킨의 시가 적힌 물레방앗간 그림이 걸려 있었다.

〈삶이 그대를 속일지라도 슬퍼하거나 노하지 말라. 우울한 날들을 견디면 믿으라, 기쁨의 날은 오리니〉

"그때는 모두 힘들었던 시절이라서 그래서 그런 시가 붙어 있지 않았을까요."

김형택 씨가 말한다.

"그때는 아이들 손님이 참 많았었는데 지금은 어떤가요?"

"거의 없지라, 딱 두 명 있구만요. 할아버지가 데리고 오는 아이들이. 엄마 아빠가 일한다고 맡긴 모양인데, 이발은 이발관에서 해야 한다고 꼭 손자들을 데리고 와요."

영산포의 영화가 사라지면서 그 많던 사람들도 아이들도 사라졌다.

"옛날엔 영산포에만 이발관이 스무 군데도 넘었어요. 돈도 잘 벌었당

께요."

지금은 영산포에 다섯 군데 남았단다. 지금 하는 사람이 그만두면 그 숫자도 줄어들 것이다.

"혁신도시가 들어서서 좀 나아지지 않았는가요?"

"아니지라. 혁신도시랑 여그랑은 딴 세상이어요. 여그 사람들도 혁신도시가 좋다고 이사 가버링께 여기는 갈수록 빈 집이 늘어나고요. 사람이 사는 집도 거의 노인 혼자 사는 집이어요."

쇠락이 멈추지 않는 영산포에 인구를 늘리는 방법은 없을까?

"어렵지라. 외부에서 사람들이 구경하고 놀러 오게끔 해야는디 머시 잘 안 되는 것 같네요.

일흔 둘 연세의 이발사 김형택 씨. 이발관에서 세상을 내다본다. 지역에 대한 생각이 깊다. 얘기를 하자면 끝날 것 같지 않다. 마지막으로 머리를 감고, 말리고, 풀코스가 끝났다. 요금은 만이천 원. 싸다. 거울을 보니 시원하게 깎았다. 영산포 대신이발관. 추억여행을 하며 소시민의 일대기를 들었다. 나주에는 파란만장한 라이프 스토리를 가진 보통 사람들이 산다.

영산포 한옥카페
'그곳'

"영산포에 한옥을 개조한 카페가 있더라고요. 한 번 가보세요."

영암에서 금성전통장류라는 회사를 운영하는 이정희 대표가 말했다. 검색해보니 '1989삼영동커피집'에서 멀지 않다. 원도심에서 예향로를 타고 영산포를 향해 달리면 영강사거리가 나온다. 오른쪽에 벌꿀호텔이 보인다. 벌꿀호텔을 오른쪽에 두고 우회전하면 영산포로다. 마을 한 가운데를 지나는 도로다. 조금 더 가면 인도 쪽에 흔들벤치가 놓여 있고, 작은 정자, 돌장승, 다양한 나무와 꽃, 옛날 물건들로 가득한 정원이 있는 한옥이 나타난다. 흰색 바탕에 검은 글씨로 된 간판에는 'since 1953 그곳 갤러리카페 영산포로 283'이라고 쓰여 있다. 카페 '그곳'이다. 문이 잠겨 있다. 분명 영업은 하고 있는 것 같은데… 바깥에서 이리 저리 구경하며 사진을 찍고 있는데, 카페 안으로 한 남자가 들어간다. 따라 들어가며

"주인이신가요? 문이 잠겨 있어서."

영산포로에 위치한 갤러리카페 '그곳'.

"예. 잠시 화장실 다녀왔습니다. 혼자 하는 카페라서요."

물들인 금발, 훤칠한 키, 마스크 위로 드러난 얼굴이 젊고 하얗다. 김 정관 오너바리스타다. 금요일 오후인데도 가게 안은 한산하다. 가장자 리에 놓인 테이블에 앉은 남녀 손님 한 쌍을 제외하고는 손님이 거의 없 다.

김정관 씨는 영산포에서 태어나 영산포초등학교와 금성중학교를 졸 업했다. 위로 형이 하나 있다. 여행을 좋아해 내셔널 지오그래피 같은 잡지를 즐겨 읽었다. 푸드 스타일리스트를 소개한 내용을 보고 나도 저 런 일을 하고 싶다고 생각했다. 중학교 2학년 때였다.

"인터넷을 검색해봤더니, 전국에 두 군데 조리고등학교가 있었어요. 시흥에 있는 한국조리고등학교와 부산조리고등학교."

부산으로 유학을 떠났다. 조리고등학교는 일반 고등학교에서 배우는 기본과목을 똑같이 가르치면서 추가로 요리를 가르친다. 실습이 생명인지라 고교 재학 중에도 호텔 같은 곳에서 실습을 한다. 말이 실습이지 실상은 학생들의 노동 착취다. 그렇지만 요리를 배우는 대학생조차 돈을 받지 않고 주방 보조를 하겠다고 찾아오는 판에 고등학생들은 받아주는 것만으로 감사해야 했다. 코모도호텔에서 넉달 동안 일했지만 월급 같은 건 없었다. 조리고등학교 재학 중 요리사 자격증을 땄지만 요리사가 아니라 바텐더로 일했다. 식당 사장이 부산 서면에 술집을 오픈하면서 같이 해보자고 권했다. 아직 고등학생이었지만 개의치 않았다. 바텐더에 필요한 조주사造酒士 자격증을 땄다. 어린 나이에 솜씨 좋은 바텐더로 소문났다. 열여덟 살부터 스물아홉 살까지 부산 이곳 저곳 바에서 바텐더로 일했다. 군에서도 특기를 살려 군 복지시설에서 소위 '회관병', '서빙병'으로 복무했다. 제대 후 다시 부산에서 바텐더로 일했는데 어머니가 '아무리 그래도 대학은 나와야지'라고 말씀하셔서, 낮에는 영산대학 서양조리학과를 다니며 공부했다. 부산은 번잡한 큰 도시였고 사람들의 삶도 팍팍했다. 늘 '나이 먹으면 고향으로 돌아가야지' 생각했다. 예상보다 빨리 돌아갈 기회가 찾아왔다.

김정관 씨 아버지는 고미술품, 골동품 등을 수집하고 판매하는데 어느 날 영산포에서 카페로 고치면 좋을 한옥 매물을 발견했다. 정관 씨와 아버지, 형과 함께 한옥을 리모델링했다. 뼈대는 그대로 남기고 카페에 적합하게 고쳤다. 마당에는 아버지가 수집한 물건들을 가져다 배치하고 꽃과 나무들을 심었다. 카페 안에는 그림들을 걸었다.

"나주 다시에 부모님이 마련한 한옥 세컨하우스가 있어요. 마당에 있는 물건들은 거기서 가져온 것들이에요. 정원 모퉁이에 있는 정자도 다시에 있는 그 집에서 뜯어온 것이고요."

2년 전 한옥 갤러리카페 '그곳'을 오픈했다. 아침 열시 반쯤 문을 열고 밤 열시 쯤에 닫는다. 가까운 나주시청 공무원들과 학교 교직원들이 많은데 요즘엔 줄었다. 교직원은 방학이고 공무원들은 코로나 단계가 올라가면서 외출을 삼간다. 김정관 씨는 많은 시간을 혼자 보낸다.

"어린 나이에 일을 시작했잖아요. 놀지도 못하고 너무 바빴어요. 한가롭고 여유로운 생활이 하고 싶다고 생각하고 있었으니까 손님이 없어도 상관 없어요. 한가한 게 좋아요. 혼자 멍하니 이런 저런 생각을 하는 게 재밌어요."

요즘 사람들이 다 하는 SNS도 하지 않는다. 그래도 괜찮을까. 요즘 세상에 장사하는 사람이.

"그런 것까지 하고 싶은 마음이 없어요. 내가 게으른가 봐요. 밥을 굶는다면 또 몰라도, 그냥 저냥 살 수 있으니 상관없어요. 남들처럼 아웅다웅하며 사는 것보다 느긋하고 여유있게 그렇게 사는 게 좋아요."

　이렇게 말은 하면서도 그는 요즘 '다시 좀 열심히 해야 하나' 하는 생각을 한다. 여자 친구가 생겼기 때문이다. 가정을 꾸리게 되면 카페 운영도 지금처럼 해서는 곤란할 것 같다.

　"영산포. 돌아와 살아보니 좋은가요?"

　"조용하다는 점이 좋아요. 하지만 이대로는 안 된다 생각해요. 도시 재생도 필요하고, 관광객들이 찾아올 수 있게 더 발전시켜야 해요. 밤이 되면 우리 카페 말고 이 거리 전체가 암흑천지로 변해요. 첨보다 약간 나아지긴 했지만."

　"부산에서 살 때는 쉬는 날 인근으로 많이 놀러 다녔어요. 여기저기 가볼 데가 많아요."

　구룡포 일본인 가옥거리, 홍등가를 세련되게 재생한 경주 황리단길,

부산 남포동 하늘정원, 자갈치시장 등이 생각난다. 영산포에도 일본인 가옥, 일제시대 건물들이 남아 있다. 영산포에 배들이 드나들 땐 시장에 홍어만이 아니라 각종 생선이 넘쳐났다.

"도시 재생이 뭔지 저는 잘 모르겠어요. 영산포역을 예전에 부숴버렸는데 다시 복원한다는 소리가 들리네요. 철로를 거의 다 걷어내고 철도공원을 만들었는디 별로 사람들이 오는 것 같지도 않드만 그대로 놔두고 일대를 공원으로 만들어도 좋지 않았을까요?"

무심한 듯 보여도 생각이 깊은 젊은이다. 세상풍파를 일찍 겪은 덕분이리라.

"바텐더로 오래 일했다면서 커피 공부는 언제 했어요?"

"바리스타 자격증은 기본이어요. 주조사나 바리스타나 공부는 비슷해요."

영산포에는 금발에 키가 크고 하얀 얼굴에 수줍은 미소를 띠고 조용
조용 말하는 청년이 있는 한옥 카페가 있다.

'광우병' 방송, 시련이 시작되다

귀에 익은 굵고 액센트가 강한 목소리. 대학 선배의 전화는 직접 찾아온 후배의 말이랑 내용이 같았다. 비비케이 같은 거 안 했으면 좋겠다, 캠프에서 지켜보고 있다, 자네도 큰 일 해야 하지 않겠나. 은근한 회유와 협박. 후배에게 한 것과 똑같이 대답했다. MBC, PD수첩, 잘 아시잖아요.

그런데, 생각해보면 선배는 내 대답을 이해하지 못했을 수도 있겠다. 모두 자기 기준으로 판단하는 법이니. 자신이 MBC에서 잘 나가던 시절, 선배의 부서는 위에서 시키면 아랫사람들은 그저 예! 하고 따랐을 수도 있었겠다는 생각이 들었다.

MBC PD로 일하면서 좋은 점은 월급쟁이지만 자존심을 지키면서 살 수 있다는 것이었다. 출세에만 집착하지 않으면, 큰 간섭 받지 않고 좋아하는 방송을 하면서 살 수 있다는 것, 정년 전에 의사에 반해 잘릴 가능성이 거의 없다는 것(이명박근혜 시대가 되자 달라졌지만), 일의 특성상 우리 사회 밑바닥부터 제일 높은 데 있는 사람까지 두루두루 만날 수 있다는 것 등등.

선배는 불쾌함이 묻어나는 목소리로 전화를 끊었다. 불쾌한 느낌은 나도 마찬가지였다. 앞으로의 방송 인생이 순탄치 않겠구나. 불길한 예감이 들었다.

정확하게 기억나지 않지만, 어느 시점부터 PD수첩 책임PD는 조능희 PD가 맡았다. 나는 진행만 맡았다. 후배인 조능희PD는 가을하늘처럼 맑은 사람이다. 옳고 그름에 대한 판단이 정확하고 의견을 표명하는 데 주저함이 없다.

한 번은 사내의 누군가한테 피디수첩 취재와 관련한 청탁 전화가 왔다. "PD수첩을 뭘로 보고 이 따위 전화를 하는 겁니까?" 옆에 있던 내가 민망할 정도로 쏘아붙였다. 조금 부드럽게 설명해도 될 터인데 하고 생각했지만, 누구도 아닌 조능희PD였다.

힘없는 약자들을 대할 때는 완전히 달랐다. 봄바람도 그렇게 부드러울 수 없었다. 작가들을 대할 때도 마찬가지였다. 언제나 상대의 입장에서 생각하고 배려했다. 효심도 강해서 지켜보는 나는 늘 반성했다.

PD수첩을 같이 하면서 크고 작은 문제들이 생길 때 나는 항상 조능희 PD의 판단을 존중했다. 내 생각이랑 별로 다르지 않았기 때문이다. 나중에 광우병 방송으로 PD수첩이 이명박 정권의 공영방송 장악을 위한 희생양이 되어 갖은 탄압을 받을 때, 정치검사들에게 체포되어 조사받고 억지기소를 당해 3년 간 재판을 받을 때, PD수첩 CP였던 탓에 조능희PD가 감당해야 할 책임은 막중했다.

하지만, 한 번도 주눅 들거나 틀린 판단을 하거나 하는 걸 본 적 없다.

48시간 중앙지검에서 조사를 받으면서도 끝까지 묵비권을 행사하고 조사가 끝난 후에는 조사서에 날인을 거부했다. 일제강점기였으면 조능희 피디는 제일 먼저 항일독립투사가 되었을 것이라고 생각한 적이 있다. 그만큼 순일한 신념의 인간이다.

비비케이 등 이명박과 관련된 의혹에 대해 검찰이 수사했다. 하지만 결론은 유력한 대통령 후보인 이명박의 혐의를 벗겨주는 것이었다. 늘 보는 정치검사들의 행태였다.

대선은 일방적이었다. 여러 가지 이유가 있었지만, 여당 후보는 전혀 힘을 쓰지 못했다. 맘몬에 홀린 많은 국민들이 '도둑놈이면 어때 잘 살게 해준다는데' 하며 이명박 후보에게 투표했다. 압도적인 표차로 이명박 후보가 대통령에 당선되었다.

한국 대통령에 취임했으니 이명박은 미국 대통령인 부시에게 신고하러 가야 했다. 미국 축산농가들의 오랜 숙원은 한국쇠고기 시장 개방이었다. 이명박은 미국 쇠고기 수입 전면개방을 부시에게 들고 갈 선물로 정했다. 미국 쇠고기가 무제한으로 한국에 쏟아져 들어오게 된 상황. 문제가 심각했다.

광우병은 나이가 많은 소일수록 많이 발병하고, 뇌나 척수 같은 소의 특정부위에 광우병 유발물질이 더 많이 포함되어 있을 가능성이 더 크다. 미국쇠고기를 한국시장에 무제한으로 수입해 풀어놓는다는 건 국민 건강을 심각한 위험에 빠뜨리는 무모하기 짝이 없는 짓이었다. 한우농가가 궤멸적 타격을 입는 것 또한 명약관화했다.

때마침 미국에서 광우병 의심환자가 발생했다. PD수첩은 긴급취재를 결정했다. 김○○ 피디가 미국으로 떠났다. 이○○ 피디와 프리랜서

이○○ 피디는 국내 취재를 담당했다. 구성 작가는 베테랑 김○○ 작가였다.

2008년 4월 29일. 이명박 대통령 취임 몇 달이 되지 않은 날이었다.

PD수첩 "미국산 쇠고기, 과연 광우병에서 안전한가"가 전국에 방송되었다.

방송 전. 광화문에는 학교급식으로 미국쇠고기를 먹을 확률이 큰 학생들이 삼삼오오 촛불을 들고 모여 정부의 정책에 항의하고 있었다.

방송 후. 광화문의 작은 촛불들이 거대한 바다로 변했다.

촛불바다는 거대한 파도를 일으키며 광화문, 남대문, 신세계 백화점, 종로 일대를 휩쓸었다. 전국에 촛불 바다가 생겨나고 거세게 출렁였다.

노무현 정부 때. 수입 미국쇠고기 박스에서 뼛조각 하나만 나와도 검역에 문제가 있다, 관리가 부실하다 뭐다 난리를 치던 보수언론이 언제 그랬냐는 듯 낯빛을 바꾸고 미국 쇠고기 아무리 먹어도 문제없다, PD수첩 방송 거짓이다,라고 떠들어댔지만, 먹혀들지 않았다.

전 국민적 분노에 직면한 이명박 대통령은 청와대 뒷산에 올랐다(고 주장했다). 국민들의 걱정이 이렇게나 큰 줄 미처 몰랐다고 반성하며 노래를 불렀다(고 주장했다).

"긴 밤 지새우고 풀잎마다 맺힌 진주보다 더 고운 아침이슬처럼…. 태양은 묘지 위에 붉게 떠오르고 한낮에 찌는 더위는 나의 시련일지라…"

군사독재 시절. 총칼을 손에 쥐고서도 뭐가 무서운지 금지곡으로 지정해버렸던 노래 '아침 이슬'.

"나 이제 가노라 저 거친 광야에 서러움 모두 버리고 나 이제 가노라…"

과거, 민주화 운동 시절에 불리던 노래 얘기가 이명박 대통령 입에서 나오다니, 아이러니했다.

국민들의 압력에 굴복해 미국에게 사정하여 재협상을 해야 하는 처지가 서럽지만 모두 버리고 광야로 떠나야 하는 사람의 처지와 비슷하다고 느꼈을까. 어쨌든 이명박정부는 미국과 재협상을 했다(미국에서는 재논의라고 표현한다. 미국 입장에서는 재협상이든 재논의든 응하는 게 쉽지 않은 일일 것이나 이명박정권이 그만큼 위태로워보였다는 얘기가 될 것이다).

미국쇠고기 수입 전면개방은 철회되었다. 소의 월령(달수로 따진 나이) 30개월 미만, 특정 위험부위 제외. PD수첩은 긴급방송을 통해 미국쇠고기 수입 전면개방을 막아내고, 한우 농가를 지켰다.

하지만, 이명박 청와대 안에서는 PD수첩을 겨냥한 공작이 시작되고 있었다. 오랜 세월을 싸워 획득한 방송자유를 수십 년 전으로 되돌리는 반역사적 반민주적 범죄. 공영방송을 장악하지 않고는 마음대로 국정을 농단할 수 없겠다고 생각한 이명박 정권은 PD수첩을 제물로 삼기로 작정했다.

PD수첩에게 시련의 세월이 시작되고 있었다. 내 인생도 뜻하지 않은 방향으로 흘러가기 시작했다. 수난은 이명박근혜 정권 내내 이어졌다.

PD수첩, 희생양이 되다

"다시는 되돌릴 수 없게 대못을 박아 두었다."

노무현정부 시절, 야당에 정권이 넘어가도 걱정할 필요 없다며 이렇게 호언장담하는 인사들이 있었다.

하지만, 법 같은 것 신경쓰지 않는 자들에게는 의미 없는 말이다.

이명박 정권이 시작되고 얼마 안 있어 방송 자유는 순식간에 이십여 년 전으로 후퇴했다. 수법은 간단했다. 말 잘 듣는 무골충이나 기본적으로 같은 생각을 가진 같은 진영의 인사를 앉혀 정권 부역 방송을 하게 하면 된다.

그렇게 정권의 낙점을 받아 사장이 된 이는 인사권을 악용해 조직을 장악한다. 사기업이 운영하는 민영방송이야 굳이 신경 쓸 필요도 없다.

2007년 대선 레이스. 당내 경선은 치열하게 치르더라도 일단 후보가 결정되면 똘똘 뭉쳐 자당 후보를 위해 최선을 다해 뛰어야 한다. 패배가 받아들이기 힘들더라도 태업을 하거나 이적행위를 하는 것이 용납될

순 없다. 2007년 대선 때 여당은 하나가 되지 못했다. 2021년은 어떨까. 다시 그런 일이 반복되어선 안 될 것이다.

여당 후보와 야당 후보의 격차는 예상했던 것보다 컸다. 후보가 약체이고, 국민들이 아무리 돈귀신에 홀렸다 해도 받아들이기 힘든 일방적 패배였다.

이명박 대통령은 대학 후배로 오랫동안 친하게 지냈다는 김재철을 MBC 사장으로 앉혔다. 형식상으로는 대주주인 방송문화진흥회에서 결정하게 돼있지만 실상은 청와대 낙하산이었다. "청와대에 불려가 조인트를 까인"(방문진 이사장 김우룡) 김재철 사장은 막가파식으로 인사권을 휘둘렀다.

의식 있고 고분고분하지 않은 기자 피디 아나운서 엔지니어… 한직으로 보내거나 유배부서에 배치하고 말 잘듣는 직원들을 요직에 발탁해 의사결정 통로를 장악했다. 공채로 들어온 사원들 중에는 그럴 사람이 태부족하니 경력직 사원들을 대거 채용했다. 보도국에 많았다. 경력직으로 들어온 기자들이 백 명이 넘었다. 실력에 따른 공정한 채용이 이루어질 리 없었다. 면접 위원 중에 수험생을 대상으로 사상검증성 질문을 하는 자까지 있었다.

노조는 격렬히 반발했지만 역부족이었다. 파업, 파업…. 이명박근혜 정권 내내 MBC는 바람잘 날 없었다.

김재철 사장은 본사 사장이 되기 전 두 군데 지역MBC 사장을 거쳤다. 지역사 사장 시절. 일본의 제휴 방송사를 방문했던 모양이다. 오랫동안 가깝게 지내고 있는 일본 방송사의 고위 간부가 전화를 걸어왔다.

"송상, 우루산에무비씨노 키무제쵸루 샤죠 고존지데스까?"(울산MBC

의 김재철 사장, 알고 있습니까)?"

"알고 있습니다만."

"어젯밤 같이 술을 마셨는데, 자기가 다음 MBC 본사 사장 될 거라고 큰 소리를 뻥뻥 칩디다. 그 말이 사실인가요?"

"사실일 가능성이 큽니다. 이명박과 친한 사이라는 소문이 파다해요. 자기 입으로 이명박과 나란히 서서 오줌 누는 사이라고 자랑한다는 얘기도 들었어요."

광우병 방송 후 나는 PD수첩에서 쫓겨났다. 배우 김혜수가 진행하던 W에 투입되어 일하다 다시 외주제작관리 부서로 전보되었다.

김재철 사장 때 벌어진 파업. 파업이 끝나고 외주제작부서로 돌아온 후 얼마 안 있어 다시 일산 드림센터에 급거 설치된 유배부서인 미래전략실로 발령 났다. 그럴듯한 이름과 달리 별로 할 일이 없는 수용소였다. 피디 기자 아나운서 기술 경영… 여러 직종의 반체제분자로 찍힌 사원들로 구성된 허울뿐인 부서였다.

유배부서는 일산드림센터 말고도 여러 군데 있었다. 수원, 성남, 구로동디지털단지. 많은 의로운 사원들이 이들 유배부서에 배치되거나 사내 주조정실 MD로 발령받거나 잠실에 있는 자회사 MBC 아카데미에서 재교육을 받았다. 신천교육대라 불린 MBC아카데미 재교육 커리큘럼에는 샌드위치 만드는 수업도 있었다.

샌드위치 교육이 방송사에서 무슨 필요가 있는지 궁금한 기자들이 김재철 사장에게 물었다.

"샌드위치 만드는 것도 해보면 재밌어요."

공영방송사 사장이라는 사람의 입에서 나온 대답이었다.

그러는 사이 오랫 동안 드라마왕국 보도왕국이었던 MBC는 급속도로 무너져갔다. 김재철 이후 김종국, 안광한, 김장겸으로 MBC 사장이 바뀌었으나 MBC의 상황은 악화일로였다. MBC에 대한 국민들의 신뢰는 바닥으로 추락했고 시청률도 꼴찌를 벗어나지 못했다.

많은 유능한 드라마 예능 피디들이 MBC를 떠났다. 자유로운 분위기에서 마음껏 창작의 자유를 누리던 사원들에게 상명하복, 다른 의견은 용납하지 않는 권위적인 분위기는 받아들이기 힘든 것이었다.

기왕 이렇게 된 것, 돈이라도 벌자. 그런 생각을 한 사람도 있었을 것이다. 이명박 정권이 친정부 매체 육성을 위해 허가한 종편 채널들이 자리잡는 데 MBC출신 인재들이 크게 기여했다. 아이러니가 아닐 수 없다.

김재철 사장 때의 일이다. 점심을 먹고 오는 길에 사장 비서실장을 하는 입사 동기생을 만났다. 비서실장이 말했다.

"10층에서 커피 한 잔 할 수 있겠는가?"

사장 부속실에서 커피잔을 놓고 마주 앉았다.

"남미지사장으로 브라질에 가면 안 될까?"

놀랐다. 이명박정권의 피디수첩 죽이기가 한창 진행되고 있었고 후배 피디들과 작가까지 타겟으로 삼아 보수세력이 총공격을 가하고 있는 상황이었다. 피디수첩의 얼굴 격인 나 보고 해외지사장으로 가면 안 되겠느냐고 김재철 비서실장이 묻고 있었다.

"내가 누구고, 어떤 위치에 있는지 알고 있을 터인데, ㅇ실장 생각인가?"

"내 얘기가 곧 사장 생각이지. 사장도 송 피디 처지 잘 알고 있고, 해외지사장 나가는 데 아무 문제 없다고 생각하니까 내가 이런 말을 하는 것이지."

나랑 사장의 관계는 대학 선후배 회사 선후배 이상도 이하도 아니었다. 평소에 개인적으로 친하게 지내는 사이도 아니었다. 나도 같은 대학, 같은 지역, 같은 성씨를 만나면 반갑다. 거기까지다. 중요한 건 인간이다. 좋은 사람이면 오래 깊게 사귀고 아니면 불가근불가원이다. 사장과는 부서도 다르고 특별히 가까워질 계기도 없었다.

그런데, 왜, 내게 일견 특혜로도 비칠 수 있는 제안을 하는 거지?

이명박정부는 해외에 한류를 전파하는 데 힘을 쏟았다. 국가적으로 나쁘지 않은 일이었다. 대통령 부인은 한식 보급에 관심이 많았다. 그 때문에 가망없는 엉뚱한 사업에 큰 나랏돈을 낭비해 비판을 받았다.

사장은 한류 보급에 MBC가 앞장서고 있다는 걸 보여주고 싶었던 듯하다. 아시아 북미 유럽을 넘어 남미까지, MBC가 이렇게 열심히 한류 콘텐츠를 보급하고 있어요,라고 과시하고 싶었던 모양이다.

나는 1999년부터 2002년까지 도쿄 특파원으로 있었다. 게으름 피우지 않고 죽어라 일했다. 매주 일본 전국을 돌며 취재했다. 화제집중에 십 분 가까운 꼭지를 매주 하나씩 꼬박꼬박 내보냈다.

철로에 떨어진 일본인 취객을 구하다 숨진 고 이수현군 사건 때는 어느 언론사보다 먼저 빈소로 달려가 취재했다. 도쿄에 엄청난 폭설이 내린 새벽이었다. 화제집중에 긴급 특집을 마련해 한 시간 동안 방송했다.

2002년 임기 만료 직전, 한일공동월드컵을 도쿄 현지에서 취재하며 한 달 동안 무려 열너댓 꼭지를 만들어 보냈다. 임기 내내 화제집중 작가들은 서로 내가 만들어보내는 꼭지를 받고 싶어 했다.

남미 브라질에 처음 만드는 지사. 사장은 열심히 일해 성과를 올려줄 사람이 필요했을 것이다.

나는 크게 다음과 같은 이유를 들어 거절했다.

"나는 피디수첩으로 후배들과 같이 정권의 타겟이 되어 고초를 겪고 있다. 같이 고생하는 처지에 나 혼자 해외로 나갈 수 없다. 생각해보라. 몇 년이 될지 모르지만 돌아온 후 동료 후배들이 나를 어떻게 보겠는가. 다 고생할 때 저 혼자 해외 나가서 편히 살다 왔다고(실제로는 고생할 게 뻔하지만) 손가락질하지 않겠는가. 살아갈 날이 아직도 많이 남았는데, 그런 바보같은 짓을 해야 할 이유가 없다. 나는 모든 후배들이 가고 싶어 하는 PD특파원으로 도쿄에서 일했다. 대충 일하는 성격이 아니라 죽을 만큼 힘들었다. 그때는 젊었지만 지금은 나이가 들었다. 다시 그렇게 일하라면 못한다. 회사에서 남미 지사장 겸 PD 특파원을 공모하면 지원자가 많을 것이다. 젊은 후배들, 모두 다 능력이 있다."

2012년 대선. 문재인 후보가 박근혜 후보에게 졌다. 뇌를 최순실에게 저당 잡힌 박근혜 대통령이 이끄는 정부는 창피할 정도로 지리멸렬했다. 수십 년 전 독재정권 시절의 추억을 그리워하는 이들이 대통령을 보좌하며 특기인 공작으로 반대자들을 탄압했다.

한겨레신문, JTBC의 보도로 경천동지할 최순실의 국정농단이 만천하에 드러났다. 이명박 정권 초기 벌어진 대규모 광우병 촛불집회 후 재차 광화문에 촛불의 바다가 출현했다.

엄동설한에 수많은 국민들이 촛불을 들고 모여 '나라다운 나라'를 외쳤다. 나도 집회가 열릴 때마다 광화문에 나갔다. 영하 십도를 밑도는 추위 속에서 청와대 앞까지 가 박근혜 퇴진을 외쳤다.

많은 여당 의원들까지 가담한 국회의 탄핵 결의, 대법원의 최종 판결로 박근혜 대통령은 자리에서 쫓겨났다.

　2016년 박근혜 정권 후반기. 심의국에서 라디오프로그램 심의를 담당하고 있던 내게 후배인 박건식 피디가 찾아왔다. 지금은 본사에서 정책기획 분야 중책을 맡고 있는 박 피디는 당시 MBC피디협회장을 맡고 있었다.

　"송 선배, 상의드릴 일이 있습니다."

원도심
풍전쭈꾸미

안동 출신 경상도 처녀가 나주 출신 총각과 결혼해 나주 원도심에서 맛집으로 소문난 '진미옛날순대집'을 경영하고 있다는 얘기를 소개한 적이 있다. 전라도 출신이라는 이유로 친정 아버지가 반대하는 결혼을 하고 우여곡절을 거쳐 나주에서 식당을 차린 배성자 씨의 인생 스토리다. 그런데 경상도 처녀가 전라도 총각과 결혼해 나주에서 음식점을 하며 살고 있는 케이스가 또 있었다. 원도심 나주정미소 맞은 편에 있는 '풍전쭈꾸미'. 나주에서 나보다 1년 먼저 같은 초등학교를 졸업한 이종범 선배와 장은숙 씨 부부가 경영하는 맛집이다.

"전라도 출신한테는 절대 시집 못 보낸다고 친정 아버지가 끝까지 반대했어요."

장은숙 씨 친정 아버지가 결혼을 반대한 것은 지역 차별 때문은 아니었고 순전히 개인적 경험에서 비롯된 '전라도 기피증'이었다. 군 하사관 출신인 장은숙 씨 아버지는 제주도에서 군복무를 했다. 수채구멍에

흘린 밥알을 서로 주워 먹으려 했을 정도로 군대 급식이 열악했던 시절에 장은숙 씨의 친정 아버지는 전라도 출신 상관에게 혹독하게 시달렸다. 얼마나 시달렸으면 제대하고 돌아온 후에도 친정 아버지는 전라도 출신이라면 이를 갈았다. 그런데 하나 밖에 없는 딸이 전라도 청년한테 시집을 가겠다고 하니 그런 날벼락이 없었을 것이다. 당시 나주 출신 서른 살 총각 이종범은 군대를 마치고 구미에서 직장에 다니고 있었는데 스물세 살 김천 출신 처녀 장은숙과 사랑에 빠졌고 두 사람은 장래를 약속한 것이었다. 그런데 친정 아버지의 결사반대라니. 급기야 나주에서 시아버지 될 분이 김천까지 찾아 왔다. 며느리 될 처녀가 마음에 들었고 하루라도 빨리 맏아들 종범을 장가보내고 싶었기 때문이었다. 나주에서

원도심 나주정미소 맞은편에 있는 '풍전쭈꾸미'.

멀고 먼 김천까지 세 번이나 찾아간 총각의 아버지를 그러나 친정 아버지는 한 번도 만나주지 않았다.

"그렇게 아버지 반대가 심한데 어떻게 결혼 할 수 있었어요?"

"큰 오빠가 도와줬어요."

장은숙 씨는 4남 1녀 중 가운데. 한전에 근무하던 큰 오빠는 회사 일로 전국을 돌아다녔다. 전라도에도 자주 출장을 갔고 나주도 여러 차례 방문했다. 큰 오빠는 열린 사람이었다.

"즈그들이 죽자고 좋아하고 결혼하겠다는데 우찌 말립니까."

큰 오빠의 간곡한 설득에 아버지는 많이 누그러졌지만 내키지 않는 마음은 여전했다. 결혼식에도 참석하지 않겠다고 해서 설득하느라 애를 먹었다. 결혼 후에는 달라져서 사위한테 잘해줬지만, 군복무 중 겪은 개인적 경험의 영향은 정말이지 강력했다.

결혼 후 구미에서 직장 생활을 계속하던 남편은 베트남지사로 가라는 인사발령을 받았지만 여러 사정상 떠날 수 없어서 회사를 그만두었다. 젊은 부부는 김천에서 중국집을 열었다가 몇 년 안 가 문을 닫고 구미의 백화점에 입점했다. 남편이 해외에서 수입하는 액세서리 같은 상품을 아내가 팔았다. 김천에서 27년을 살았다. 전라도 출신 신랑이 배타적 보수적인 경상도 처가집이 있는 곳에서 근 한 세대를 산 셈이다. 19년 전에 나주로 이사했다. 시어머니가 아프셨기 때문이다. 다섯 아들 중 장남인 남편이 시부모를 모시지 않으면 안 되었다. 지금은 두 분 모두 돌아가셨지만, 장은숙 씨는 나주에 살면서 십여년 동안 시부모님을 모셨다. 나주로 이사올 때 장은숙 씨네 형편은 어려웠다. 하던 일이 잘 안 되어서 갚아야 할 빚도 솔찬했다. 큰 아들은 고등학교 2학년이었다. 대학도

혁신도시가 들어서면서 원도심 사람들이 많이 빠져 나가 원래 오던 손님들도 줄었다. 그래도 혁신도시에 비해 가격이 싸서인지 혁신도시에서 찾아오는 사람들이 늘었다고 한다.

보내야 했다. 돈을 벌어야 했다. 그래, 음식 장사를 해보자. 아이템으로 쭈꾸미를 생각했다. 당시 나주에는 낙지집은 많았지만 쭈꾸미집은 없었다. 쭈꾸미가 뭔지 아는 사람도 드물었다.

"쭈꾸미? 그런 걸 어떻게 먹어. 개나 준다면 모를까."

사람들의 반응이었다. 쭈꾸미 요리법을 배우러 광주까지 가서 찾아다녔다. 딱 한 집 있었다.

19년 전 4월, '풍전쭈꾸미'라는 상호로 음식점을 오픈했다.

"내륙인 김천 출신이라 자라면서 해산물은 별로 먹지 않아서 지식이 전혀 없었어요. 쭈꾸미가 언제 나오는지도 몰랐다니까요."

개업 당시를 회상하며 장은숙 씨가 계면쩍게 웃는다. 장사를 시작한 지 두어 달이 지났는데 난처한 상황이 벌어졌다.

"장사를 시작한 게 4월인데, 6월쯤 되니까 생쭈꾸미가 안 나오는 거예요. 생쭈꾸미 전문음식점이라고 내세웠는데 손님들한테 거짓말을 할 수도 없고. 그렇게 뭘 몰랐어요."

쭈꾸미는 겨울이 시즌이다. 여름은 금어기다. 봄에 오픈했으니 장사한 지 몇 달이 되지 않아 생쭈꾸미를 구하기 어려워질 것은 당연지사. 고민 끝에 쭈꾸미나 낙지나 거기서 거기니까 쭈꾸미와 낙지를 같이 팔면 되겠다고 생각했다. 풍전쭈꾸미는 쭈꾸미전문점에서 쭈꾸미와 낙지 요리를 내는 집으로, 다시 쭈꾸미를 기본으로 하고 철마다 다른 생선들을 내는 음식점으로 바뀌었다.

혁신도시가 들어서면서 원도심 사람들이 많이 빠져 나가 원도심에는 빈 집들이 늘어났고 원래 오던 손님들도 줄었다.

"그런데, 혁신도시에서 찾아오는 사람들이 늘었어요. 혁신도시에는 전국 각지 사람들이 일하잖아요. 경상도 사람들도 많은가 봐요. 제가 경상도 사람이라는 게 알려졌는지 혁신도시에 사는 경상도 손님들이 많이 와요. 물론 아닌 사람들도 많이 찾아오고요."

코로나 이전과 비교해 손님이 3분의 1가량 줄었다.

"원 나주사람들은 학교에 근무하는 분들이 많아요. 나주에 있는 중고등학교 선생님들이 많이 오셔요. 시청에 근무하는 공무원들은 이상하게 적네요."

원주민 손님들 중 교사들이 많다보니 요즘 같은 방학에는 발길이 뚝 끊긴다. 코로나에 방학에, 한참 북적일 시간인데도 풍전쭈꾸미는 한산하다. 시부모님은 두 분 다 돌아가시고 두 아들은 모두 자랐다. 달랑 부부 두 사람만 남았다. 코로나다 뭐다 어려워도 예전처럼 크게 스트레스를 받지 않아도 되는 까닭이다.

"요즘은 민어와 갯장어가 제철이에요. 혁신도시는 사람들 수준도 그렇고, 음식값도 서울 수준이라고 들었어요. 여기는 혁신도시에 비하면 싸요. 하모(일본말이다. 갯장어라고 해야 한다.) 1인분에 혁신도시는 3만원 이상 하지 않나요. 여기선 2만원이에요. 여러 사람이 먹어도 십만을 넘지 않아요. 혁신도시까지 가는 택시비를 더해도 싸요."

혁신도시가 들어서면서 쇠락 일변도의 역사에 종지부를 찍고 반전의 계기를 맞은 나주. 원도심을 포함한 원래의 지역과 신도시, 두 날개로 날아올라야 한다. 풍전쭈꾸미는 나주 원도심 나주정미소 앞, 나주시가 창고를 개조해 만든 난장곡간 맞은편에 있다.

남평의 작은 동물원
'나주랜드'

동물원 '나주랜드' 최형재 대표는 보성 출신으로 광주에서 대학을 다녔다. 건설업을 하지만 어릴 적부터 새를 무척 좋아해서 앵무새를 비롯해 갖가지 새를 키우다 아예 남평 수원리에 땅을 마련해 동물원을 지었다. 동물원 옆에 있는 '이지갤러리카페'는 그의 아내인 박지영 씨가 운영한다. 입장료는 어른 9천 원, 아이 만2천 원으로 적혀 있지만 실제로는 아이도 어른도 똑같이 9천원을 받는다. 입장권은 카페에서 산다. 전에 왔을 때는 손님들이 별로 없었는데 좀 는 것 같다. 입장료로 유지가 가능할까. 박지영 대표에게 묻는다.

"입장료로는 사료값도 안 돼요. 건설업 해서 번 돈 여기다 꼴아박고 있어요."

"근데, 왜 계속해요?"

"그러게요. 남편한테 한번 물어 봐주세요."

하면 할수록 손해 보는 일을 고집스레 하는 남편에 대한 불만이 비친

남평의 작은 동물원 나주랜드는 이지갤러리카페에서 입장권을 사야 한다.

다. 아내가 아무리 말려도 듣지 않고 자기 하고 싶은 일은 기어코 하고
야 마는 남편. 2년 전 동물원과 함께 갤러리카페를 오픈했다. 한동안 손
님이 없었다. 시간이 남아돌아 외롭고 힘든 시간을 이겨내려 박지영 대
표는 시를 쓰기 시작했다.

"그냥 취미로 써보는 정도예요."

남편은 바깥에서 손님을 맞아 설명하느라 여념이 없다. 어린아이들을
데리고 오는 젊은 부부들이 많다. 아이들이 무척 좋아한다.

'나주랜드'와 '이지갤러리카페'는 이런 시설이 있을 것 같지 않은 남
평읍 수원리에 있다. 도로명 주소로는 남평읍 수청길 18이다. 한가했던
마을에 동물원과 카페가 들어서고 차들이 붐빈다. 동네 주민들의 민원

은 없을까.

"그런 거 전혀 없어요. 이장님이 좋으신 분이고요. 동네 어르신들도 다 좋아요."

박지영 대표의 말이다. 귀농 귀촌을 했다가 현지 주민들의 텃세와 갈등 때문에 포기하고 떠나는 사람들이 적지 않다고 들었다. 남평읍 수원리 주민들은 전혀 그런 게 없는 모양이다. 젊은이들은 없고 노인들만 남은 농촌. 외지에서 사람들이 많이 들어와야 한다. 한 명이라도 인구를 늘리고 싶으면 '우리 지역으로 오세요', '불편한 게 있으면 뭐든 말씀하세요, 최대한 도와드릴게요' 하는 자세가 중요하다. 농촌마을에는 아기 울음이 끊긴지 오래지만 혁신도시엔 아이들이 많다. 주민들의 평균 연령도 삼십대라고 들었다. 혁신도시 아이들이 가기 좋은 곳이 남평에 있다. 아이들이 동물을 구경하는 동안 부모들은 카페에서 쉬면 된다. 창 밖, 벼가 자라는 논의 풍경을 바라보고 있으면 그냥 마음이 편해질 것이다.

커피 로스팅,
최 연구원의 슬기로운 취미생활

퇴근을 해도 딱히 할 만한 문화생활이 없는 환경. 보람있게 시간을 쓸 방법이 없을까. 한전KPS 종합기술원에 근무하는 최형일 선임 연구원은 커피 로스팅이 취미다. 거의 프로 수준의 실력을 갖추고 있다. 한전KPS 는 발전설비 유지보수 전문회사다. 1984년 한국전력의 전액출자로 설립 되었다. 정비 보수, 원전해체, 소형원자로 분야에서 최고의 기술력을 보 유하고 있다.

"회사는 혁신도시 조성 초기에 나주로 이전했어요. 벌써 8년 쯤 되네 요. 첨에 왔을 땐 주변의 축산폐수 냄새 땜에 숨쉬기도 힘들 정도였어 요. 지금은 많이 좋아졌죠."

원래 커피에 관심이 많았다. 서울에 가서 로스팅을 배우고 작은 로스 터를 사서 연습을 거듭했다. 혁신도시의 한 건물의 빈 사무실을 빌렸다. 보증금 오백만 원에 월세 오십만 원. 실평수 서른 다섯평이다. 커피를 좋아하는 직원들과 동호회를 만들어 즐겼다.

최형일 연구원은 커피 애호가들을 대상으로 로스팅을 체계적으로 가르치기 위해 로스터를 중고로 사들였다. 크고 작은 로스터가 모두 네 대로, 한 대에 천만원 주고 산 것도 있다.

"요즘엔 인사 이동으로 회원들이 빠져 나가서 흐지부지된 상태예요."

프로 수준의 로스팅 실력을 갖춘 그는 다른 사람들에게도 로스팅 기술을 가르쳐주고 싶었다. 서울에서 로스팅을 배우려면 학비만 해도 삼백만 원에서 오백만 원을 내야 한다.

"나주에서 부담없이 로스팅을 배울 수 있는 기회를 제공하고 싶었어요."

커피 애호가들을 대상으로 교실을 열었다. 로스팅을 가르치는 데 필요한 로스터를 중고로 사들였다. 크고 작은 로스터가 모두 네 대. 취미로 하는 수준을 넘었다. 한 대에 천만원 주고 산 것도 있다.

"술 담배를 안 하거든요. 이 정도는 할 수 있는 거 아니냐고 집사람한 테 말했어요."

어떤 취미든 깊어지면 돈이 들고 큰돈이 필요하면 아내의 허가를 받 아야 한다. 오토바이도 마찬가지다. 그에게 '내 취미는 오토바이 라이 딩'이라고 했더니 의외의 반응이 돌아온다.

"나도 883 타고 싶었어요. 근데 아내가 펄쩍 뛰었어요. 오토바이는 위 험해서 안 된다고."

오토바이 라이딩이 최고의 건전한 취미라는 걸 알고 있는 사람을 만 나면 기쁘다. 리터급 빅모터사이클을 즐기는 인구가 급속히 늘고 있다. 경제적 여유도 있고, 배울만큼 배우고 사회적 지위도 있는 이들이 레저 로 오토바이를 즐긴다. 교수, 연구원, 변호사, 회사원, 사업가… 선진국 에서 오토바이는 일대 문화다. 오토바이 얘기를 하면 또 끝이 없으니 이 만 줄인다.

오토바이나 커피 로스팅이나 들어가는 돈은 비슷하다. 외려 커피 로 스팅이 더 들어갈 것이다. 인스턴트는 물론 남이 타주는 드립커피도 성 에 안 차니, 스스로 볶고 내려서 먹으려 한다. 콩도 최고 품질의 것만을 찾는다. 로스터도 좋은 걸로 산다. 돈이 안 들어갈 수 없다. 옛날 중국에 서 대표적인 패가망신의 지름길로 세 가지를 들었다. '도박', '주색잡기', '차'가 그것이다. 차茶가 패가망신의 지름길이라니. 선뜻 이해되지 않을 것이다. 차맛을 제대로 알게 되면 비싼 고급차를 찾게 되는데 비싼 차를 싸구려 다기에 따라 마실 수 없잖은가. 최고의 도공이 빚은 찻잔에 마셔 야 된다. 차 주전자, 차 탁, 찻 잔… 엄청나게 비싸다. 남이 재배하고 만 든 차를 마시는 것도 성에 안 찬다. 그래서 차밭을 산다. 자기 차밭에서 재배하고 딴 차잎을 덖어 차를 만든다. 차 좀 안다는 사람들끼리 모여 자기 자랑을 한다. 경쟁심이 생기니 모든 걸 최고로만 갖춰야 한다. 재산도 안 아깝다. 차가 패가망신으로 가는 지름길의 하나라는 게 이해되는가.

최 연구원의 로스팅 취미가 그렇다는 건 아니다. 외제 로스터도 중고로 구입한 것이고, 작은 국산 로스터는 터무니 없이 비싸지 않으니 다 합해서 할리 새 오토바이 한 대 값 정도다.

최 연구원이 로스팅한 콩의 품질과 맛을 아는 사람들로부터 가끔 주문이 들어온단다. 판매업을 위해 아내 이름으로 사업자 등록을 했다. 그래봤자 한 달 매출은 삼십만 원 정도에 불과하다. 본격적으로 판매에 열을 내는 것도 아니고 홍보를 하고 있지도 않으니 당연한 일이다. 한 달 월세에도 못 미치는 돈이다. 그래도 서울 같으면 엄두도 못낼 사무실을 빌려 좋아하는 취미생활을 할 수 있다는 것이 행복하다. 나주 혁신도시엔 싼값에 빌릴 수 있는, 심지어는 관리비만 내고도 쓸 수 있는 빈 사무실이 많다. 주인 입장을 생각하면 안타깝지만, 최 연구원처럼 개인적 취미생활을 위해 또는 동호회 활동을 위해 공간이 필요한 사람들에겐 좋은 일이다.

최 연구원이 드립 커피를 한 잔 내온다. '파나마 게이샤'란다.

"이 커피 콩만 주문하시는 분이 계세요. 부드럽고 신 게 부담없이 마실 수 있다고요."

전에 드립커피 전문점에서 '게이샤'라는 이름을 보고 일본 기생을 의미하는 게이샤가 커피명에 쓰이다니, 하고 이상하게 생각한 적이 있다. 게이샤처럼 은밀하고 섹시하고 화려하고 뭐 그런 커피인가 생각했는데

그게 아니라는 걸 최 연구원의 설명을 듣고 처음 알았다.

"에디오피아에 케샤 또는 케이샤라는 이름의 지역이 있어요. 거기서 나는 커피예요. 그 발음을 게샤, 게이샤, 또는 케샤, 케이샤 등으로 하는 거죠."

괜히 일본 게이샤 운운했다면 무식한 사람으로 비웃음을 샀을 것 같다.

나주 혁신도시에는 대한민국 최고 수준의 인재들이 들어와 살고 있다. 에너지, 전기, IT, AI, 농업… 젊은 인재들의 역량을 나주 발전을 위해 백퍼센트 활용할 필요가 있다.

공산면 생태공원
우습제

부여 궁남지, 김제 청운사, 무안 백련지… 모두 연꽃으로 유명한 곳이다. 흰 연꽃이 피는 연못으로 우리나라에서 가장 큰 곳은 무안 백련지다. 넓이가 33만 평방미터에 이른다. 매년 열리는 연꽃 축제에는 엄청나게 많은 관광객들이 몰리는데 올해는 코로나로 취소됐다. 그런데 무안 백련지보다 무려 십만 평방미터 이상 넓은 연못이 나주에 있다. 넓이 약 43만 평방미터의 우습제牛拾堤다. 약 오백 년전 만들어졌고, 지금처럼 재축조한 것은 일제강점기 말인 1943년이란다.

나주 혁신도시에서 자동차로 20분 정도 걸린다. 무안 백련지와 달리 핑크색 홍련이 가득 피는 연못이다. 전국적으로 유명한 관광지인 백련지에 비하면 우습제는 덜 알려져 있다. 나주에서 23번 국도를 타고 왕곡면을 지나고 공산면을 지난다. 오른쪽으로 동강 공설묘지를 바라보는 회전교차로에 이르러 세시 방향으로 꺾으면 함평으로 가고, 12시 방향으로 직진하면 영산강 느러지 전망대로 갈 수 있다. 회전 교차로 못미처

옆으로 빠지는 길이 있고 기둥 높이에 '우습제생태공원 홍련군락지'라는 팻말이 달려 있다.

중년 남성이 보도블록 사이에 난 잡초를 뽑고 있다. 관리인이냐고 물으니 아니란다. 출근길. 아직 시간 여유가 있어 보기 싫은 잡초를 뽑고 있단다.

"조금만 관리 해주면 훨씬 보기 좋을 텐디요이."

누가 시키지도 않은 일을 스스로 하고 있다. 내가 어디서 취재라도 나온 걸로 생각한 걸까. 처음엔 한사코 이름 가르쳐주는 걸 꺼린다. 내 소개를 하니 비로소 가르쳐준다. 공산면 소재지에 살며 동강중학교에서 직원으로 일하고 있는 박용석 씨다. 전에 조경회사에서 일한 경력이 있다. 순천만정원 만드는 데도 참여했었다. 코로나에, 무더위에, 이른 시간에, 사람이 거의 없는 우습제 입구 보도블럭들 사이에 난 풀을 묵묵히

약 오백 년전 만들어진 넓이 약 43만 평방미터의 우습제.

13만여 평의 광대한 못에 핑크색 연꽃이 가득 피어 장관을 이룬다. 연못 위로 나무 데크가 설치돼 있다.

뽑고 있다. 세상엔 이런 사람들이 많다. 드러나지 않는 곳에서 작은 선
행을 습관처럼 행하는 사람들.

　우습제. 13만여 평의 광대한 못에 핑크색 연꽃이 가득 피어 있다. 장
관이다. 저절로 감탄사가 나온다. 연못 위로 나무 데크가 설치돼 있다.
데크 위를 걸어 안쪽으로 들어간다. 흙길이다. 푹신푹신 발에 느껴지는
감촉이 보드랍다. 왼쪽으로 홍련이 만발한 연못을 끼고 걷는다. 우습제
는 다른 이름으로 '소소리방죽'이라고도 한다. 제방에 소를 매어 놓은
데서 유래했다고 하는데, 음메 음메 하고 소가 소리를 내던 방죽이라는
뜻인가. 나 말고 산책하는 사람은 없다. 새소리, 매미소리, 바람소리 속
을 걷는다. 소 울음 소리는 없다. 십삼만 평 연못을 나 혼자 전세 냈다.
칸나, 백일홍, 분홍 연꽃이 피어있다. 불현듯 어린 시절이 생각난다. 어
떤 냄새, 소리, 풍경에 조우했을 때 불현듯 유년의 추억들이 소환되는
경험. 모두들 있을 것이다.

칸나, 백일홍, 토끼풀, 질경이, 아카시아꽃 등등. 나이가 드니 작은 풀꽃 하나에 마음이 끌린다. 살아 있는 모든 것들에 관심이 간다. 다들 한 생을 살아내려 안간힘을 쓰는 것 같아 짠하다. 생의 길고 짧은 차이는 있을지라도 결국은 인간도 마찬가지다. 한 번 피었다 지는 것이다. 기왕이면 주변에 향기를 풍기며 살다가고 싶다. 연못 입구에는 배롱나무꽃과 댕강나무 꽃도 피어 있었다. 훅 향기가 코를 찔러 돌아보니 댕강나무 꽃이었다. 봄에 피는 라일락꽃 같은 향기였다.

부여 궁남지 구경을 갔던 기억이 난다. 연꽃 축제 기간에 아기자기 잘 꾸며놓은 것들을 배경 삼아 사진을 찍는 사람들이 많았다. 무안 백련지도 마찬가지다. 우습제는? 아이디어를 보태고 돈을 더 들이면 훨씬 매력적인 곳으로 만들 수 있을 것이다. 어떤 곳보다 나주는 자원이 많다. 너무 많아 뭐부터 해야 좋을지 고민될 지경이다. 그런데도 '나주' 하면

공산면 생태공원 우습제

'여기'라고 내세울만한 관광지가 없다고들 한다. 없기도 하거니와 알리려는 노력이 미흡하다는 얘기일 수도 있겠다. 공산면 우습제. 만발한 핑크빛 연꽃들을 보고 있으면 가슴이 핑크빛으로 물들 것이다. 혹 아는가. 순결했던 젊은 날의 핑크빛 사랑이 다시 찾아올지.

추운 겨울,
나주곰탕만한 게 있으랴

"나주곰탕이 왜 유명해요?"

누가 물었다.

"맛있어서 그렇겠지요."

싱겁게 대답했다. 나주곰탕이 맛있는 건 사실이다. 서울이든 제주든 나주곰탕이란 간판을 달고 있는 집 치고 들어갔다 크게 실망한 적은 드물다.

그런데 정말 언제부터 나주곰탕이지?

어릴 적 나주에 살면서 곰탕 얘기를 들어본 기억이 없다. 하릴 없이 장에 가서 국밥 사먹을 일은 없었을 테니 설사 곰탕이 있었던들 알 리 없었을 테지만.

어떤 이는 나주곰탕의 역사가 일제 말기에 시작됐다고 말한다. 나주에 있던 통조림회사(화남산업)에서 일본군에 납품하는 소고기 통조림을 만들고 남은 부산물을 얻어 끓여 팔던 것이 시초란다. 광복 후에도 나주

나주 원도심 금성관 앞 일대는 곰탕 거리다. 흔히 3대 곰탕집이라 일컬어지는 하얀집, 노안곰탕, 남평할매곰탕 외에도 한옥곰탕, 탯자리곰탕이 있고 조금 떨어진 곳에 사매기곰탕도 있다. 하얀집은 2000년에 나주곰탕 원조로 지정되었다.

에서 오랜 세월 통조림을 제조하던 화남산업은 다른 곳으로 이사 갔다. 방치된 부지 안에 소 위령비가 남아 있는 걸로 보아 많은 소가 도축되었을 것이다. 그럴 듯한 나주곰탕 기원설이다.

하지만 일제시대 훨씬 이전부터 존재했던 곰탕이 나주의 대표 음식이 된 것은 훨씬 나중이다. 2000년에 나주곰탕 원조로 지정된 하얀집에서 유래를 짐작할 수 있다. 하얀집의 역사는 1910년 나주 목사내아 장터에 문을 연 류문식당에서 시작한다. 창업자인 원판례 씨는 해장국과 국밥을 팔았다. 며느리인 임이순 씨가 뒤를 이었는데 육회비빔밥과 복탕을 추가했다.

1960년 3대 가업계승자인 길한수 씨에 의해 류문식당은 곰탕 전문점이 되었고 1969년 상호가 하얀집으로 바뀐다. 2011년, 4대째인 길형선 명인이 가업을 잇는다. 오랜 세월 곰탕만을 끓여오면서 축적된 노하우로 나주에서 가장 유명한 곰탕집이 된 하얀집은 2018년 대물림 맛집 향토음식점, 2020년 남도음식 명가로 지정되었다.

나주 원도심 금성관 앞 일대는 곰탕 거리다. 흔히 3대 곰탕집이라 일컬어지는 하얀집, 노안곰탕, 남평할매곰탕 외에도 한옥곰탕, 탯자리곰탕이 있고 조금 떨어진 곳에 사매기곰탕도 있다.

곰탕은 음식점 위치로나 맛으로나 쉽게 접근할 수 있는 대중적인 음식이니 나주 하면 곰탕이 되었을 것이다. 나주 전통 음식으로 6백년 역사를 가진 영산포 발효홍어가 유명하지만 삭힌 홍어에 대한 호불호가 갈리는 탓에 한계가 있었을 것이다.

일요일 저녁. 곰탕을 먹으러 갔다. 빈자리가 많다.

"웬일로 손님이 적네요."

"코로나에, 추위에, 일요일 저녁이잖아요."

하얀집 주인장인 길형선 대표의 여동생 길다경 씨다. 카운터를 보는 길다경 씨의 손이 쉴 틈이 없다. 빈자리는 많아도 손님들은 끊임없이 들락거린다.

가게 안으로 들어서자마자 눈에 들어오는 풍경. 주방의 커다란 가마솥이 펄펄 끓고 있다. 모락모락 하얀 김이 피어오른다. 같은 복장을 한 중년의 여성들이 접시에 김치와 깍두기를 담거나 뚝배기에 곰탕을 퍼 담고 있다. 잔칫집 같다. 왠지 설날 외갓집에 온 기분이다.

안쪽 깊숙한 자리에 앉아 곰탕을 시킨다. 뚝배기에 담겨 나온 곰탕,

배추김치 한 접시, 깍두기 한 접시가 한 세트다. 머리고기, 양지, 사태, 목심을 넣고 푹 삶아 고아낸 맑은 물에 밥을 말아서 가져온다. 밥을 국에 그냥 만 것이 아니라 토렴한 것이다. 토렴은 찬밥에 국물을 부었다가 따르고 다시 붓는 일을 되풀이 하는 것이다. 이렇게 하면 밥알마다 국물이 스며들어 맛이 진해지고 탱글탱글해진단다.

맑은 국물을 한 숟갈 떠 입안에 넣는다. 따뜻한 국물이 식도를 타고 위를 거쳐 아랫배까지 내려간다. 추위에 움츠러들었던 몸이 스르르 풀어진다. 숟가락 가득 고기와 밥을 담고 익은 김치 한 조각을 얹는다. 아무렴, 곰탕은 이렇게 먹어야 제 맛이지. 기자 출신 고재열 여행감독은 겨울에 먹은 나주곰탕을 인생의 소울푸드라 했다.

앞자리에 앉은 젊은 부부. 아내가 동남아 출신 이주여성 같다. 길다경 씨 말이 나주에 사는 이주여성과 외국인 노동자들이 곰탕을 좋아한단다. 쌀국수처럼 국물에 말아 먹는 음식에 익숙해서 그런 것 같단다.

카운터 옆에 서서 지켜보니 가게 안에서 먹는 사람 못지않게 테이크아웃 해가는 사람들도 많다. 코로나 때문에 더 늘었단다.

하얀집 매출이 웬만한 중소기업보다 많다는 소리를 들은 적이 있다. 길다경 씨에게 에둘러 묻는다.

"하루에 쓰는 소고기 양이 얼마나 되나요?"

"글쎄요. 하루 100키로 정도 되지 않을까요."

많은 건가? 잘 짐작이 가지 않는다.

"김치는요?"

"1년에 한 번 하는 김장 때 10톤 정도 담그는 것 같아요."

"깍두기는요?"

"2개월에 한 번, 1톤 트럭 하나 정도 담급니다."

김치 담그는 광경만으로도 좋은 구경거리겠다. 손님들은 모두 어디서 올까?

"우리 지역 사람들은 별로 없어요. 한 3%나 될까. 나머지 97% 정도는 외지인이어요."

"예? 그렇게나 차이가 납니까?"

"보세요. 여기 상가 하고 주택이 얼마나 되는지. 사는 사람이 거의 없잖아요."

"젊은 손님들이 제법 있는데요."

"대부분 혁신도시에서 와요. 주말에 원도심 구경 겸해서 곰탕 먹으러 오고요."

혁신도시 공기업에 근무하는 자녀 만나러 왔다가, 동신대에서 한의학을 공부하는 자식 보러 왔다가, 순전히 본고장 곰탕 맛이 보고 싶어서,

전국 각지에서 곰탕거리를 찾아온다.

군이 나주까지 오지 않고 전국 어디서든 원조 나주곰탕을 쉽게 맛볼 수 있는 방법은 없을까. 가령, 하얀집이나 노안집 혹은 남평할매집 브랜드로 곰탕 패키지 상품을 만드는 것을 생각할 수도 있겠다. 그런 건 없지만 하얀집 곰탕은 나주가 아닌 광주에서도 맛볼 수 있단다. 길다경 씨의 큰 언니가 월곡동에, 작은 언니는 운암동에 하얀집이라는 상호로 나주곰탕집을 운영하고 있다.

많은 한우 농가와 큰 규모의 최신식 도축장이 있어 질 좋고 신선한 소고기를 쉽게 구할 수 있고, 60년이 넘는 세월 동안 축적한 비법으로 전국에서 가장 맛있는 곰탕을 끓여내는 나주. 추운 겨울, 각박한 세상살이에 지친 마음을 어루만져줄 따뜻한 음식이 그리울 때, KTX나 SRT에 몸을 실으시라. 채 두 시간도 안 돼 나주역에 도착할 것이다. 택시로 5분도 걸리지 않는 곳에 원조 나주곰탕을 맛볼 수 있는 원도심이 있다. 나주곰탕집이 몰려 있는 거리가 있다.

수난 그리고 해피엔딩

박 피디가 나를 찾아온 건 상의가 아닌 부탁을 위해서였다.

"선배, 차기 피디협회장 좀 맡아주셔요."

협회장을 하려는 사람이 없다는 것이었다. 이명박근혜 시대. 김재철 사장 이후 회사가 일절 외부활동 편의를 봐주지 않는데다 피디들을 대표해서 발언하고 행동해야 하는 자리인지라 위험이 따랐다. 아무리 그렇다고 정년을 앞둔 나이에 십몇 년은 후배가 맡아야 할 자리를 맡아달라니 난감했다.

"사정을 모르는 사람들이 보면 나를 어떻게 생각하겠는가. 좀 더 찾아보고 정 없으면 다시 얘기하소."

완곡히 거절했다. 모양새가 영 아니라는 생각에서였다.

두 달쯤 지났을까. 박 피디가 다시 말했다.

"아무리 설득해도 다들 이런 저런 이유를 대며 고사하네요. 선배가 좀 맡아주셔요. 선배는 해고돼도 괜찮잖아요. 정년도 얼마 안 남았고 피디로서도 할 만큼 하셨잖아요."

더 이상 고사할 수 없었다.

협회장이 되어 해야 할 일을 열심히 했다. 언론 매체와의 인터뷰에서 경영진의 행태를 비판하면 회사는 인사위원회를 열어 징계를 내렸다. 개의치 않았다. 사필귀정에 대한 믿음이 있었다.

MBC 피디협회장에 이어 한국피디연합회장이 되었다. 전국 3천여 피디들을 대표해 방송계 현안에 대처하면서 언론자유를 위해 투쟁했다. PD수첩 출신 피디들은 투쟁의 일선에 섰다. 언론노조 MBC본부 조능희 위원장과 언론노조 김환균 위원장 모두 PD수첩에서 쫓겨나 유배생활을 하던 중 중책을 맡았다. 연임을 해가며 맡은 책무를 훌륭하게 완수했다. 현재 조능희 피디는 MBC플러스 사장, 김환균 피디는 대전MBC 사장이다.

탄핵당한 박근혜 대통령은 임기를 채우지 못하고 쫓겨났다. 이른바 벚꽃대선으로 정권이 바뀌었다. 그 후 한참 시간이 걸리긴 했지만 MBC를 망친 부역 경영진도 결국 쫓겨났다. 나는 본사 사장에 도전했지만 실패했다. 예상치 못했던 인물들이 최종 후보에 포함되는 걸 보고 실망했다. 본사 사장에는 2년 후배인 최승호 피디가 선임되었다. 최승호 피디는 광우병 방송을 했던 피디들이 쫓겨난 후에도 계속 PD수첩에서 이명박 정권이 추진하던 4대강 사업의 문제점을 고발했다. 이명박 정권의 미움을 사 정리 대상 1호 피디로 찍혔고 해고되었다. 해고된 후에도 최승호 피디는 뉴스타파에서 다큐멘터리 영화를 만들어 사회적 발언을 계속했다. 국정원의 간첩 조작을 고발한 '자백'과 이명박 정권의 방송장악과 부역한 방송인들을 고발한 '공범자들'은 장안의 화제가 되었고 많은 사람들이 봤다. 다큐멘터리 영화는 사회비판과 사회운동을 위한 훌륭한 수단이었다. 최승호 피디는 다큐멘터리 영화 감독으로도 유명해졌다.

나는 광주MBC 사장을 지원했다. 방송 인생 마지막을 고향 가까운 곳에서 보내고 싶었다. 방송의 힘을 이용해 조금이라도 지역 발전에 기여하고 방송 인생을 마치고 싶었다.

광주로 내려가는 날. 안산의 세월호 희생자 합동분향소에 들렀다. 희생당한 국민들보다 권력의 심기를 살피는 데 급급했던 방송사에 몸담은 사람으로서 잘못을 사과하고 앞으로 오로지 국민만을 바라보는 방송을 하겠다고 약속했다.

바닥으로 추락한 MBC를 이른 시일 안에 재건하기 위해 지역방송사로서 할 일이 많았다. 무엇보다 시청자들의 신뢰를 회복하는 것이 급선무였다. 피디의 요청에 응해 프로그램 개편 예고편에 직접 출연했다. 시청자위원회와는 별도로 각계의 시민들이 참여하는 '광주MBC와 좋은 친구들'이라는 모임을 만들어 의견을 들었다. 시각장애인인 김갑주 두메푸드시스템 대표이사가 회장을 맡아 도움 되는 말씀을 많이 해주었다.

시청자들의 신뢰와 사랑이 돌아오자 민방 수준으로 추락했던 뉴스 시청률도 회복되었다. 1년 가까운 시간이 걸렸다.

본사와 달리 지역사는 보편성과 함께 지역성을 겸비한 프로그램을 만들어야 한다. 어려운 경영 상황을 감안하여 선택과 집중을 해야 했다. 서울에 살면서 호남 출신이라는 사실만으로 자존심 상하는 경험을 여러 차례 했다. 일베들이 전라도 사람들을 홍어라 조롱하며 심지어 5.18

희생자들까지 모욕하는 걸 보면 피가 거꾸로 솟았다.

　광주MBC 사장 취임 직후 홍어를 소재로 한 프로그램을 기획했다. 나주 영산포에는 600년 역사를 가진 홍어의 거리가 있고 광주 양동시장엔 홍어 점포만 백여 개가 넘는다. 홍어야말로 가장 지역적이고 보편적인 소재라고 생각했다. 발효홍어는 조상들의 지혜가 담긴 훌륭한 음식이지만 강한 냄새와 맛 때문에 젊은 층은 접근을 꺼리는 것 또한 사실이다. 그들을 홍어음식의 세계로 끌어들일 수 있는 방법이 없을까. 전세계 바다에서 홍어가 잡힐진대 다른 나라에서는 홍어를 어떻게 요리해 먹고 있을까. 거기에 홍어산업을 확대할 수 있는 아이디어가 있지 않을까. 음식을 차별과 혐오의 수단으로 삼아 패륜적 반문화적 짓거리를 자행하는 일베들을 음식문화론적 관점에서 점잖게 비판할 수는 없을까.

　광주MBC의 두 피디(백재훈 최선영)가 2년여에 걸쳐 총 11부작 홍어 다큐멘터리 시리즈 '핑크 피쉬'를 제작 방송했다. 영산포의 전통 발효 홍어 요리와 함께 나주의 대표적 종가인 박경중 선생 댁에 전해오는 홍어 요리를 소개했다. 내로라하는 스타 셰프들이 세계 여러 나라의 레스토랑을 직접 방문해 홍어요리를 맛보고 아이디어를 얻어 자기만의 새로운 요리를 만들어냈다. 우리처럼 삭힌 홍어를 삶아서 스테이크처럼 만들어 먹는 아이슬랜드 사람들은 홍어는 명절 때 온 가족이 둘러 앉아 먹는 향수의 음식이고 강한 냄새를 이유로 홍어를 지역차별과 혐오의 수단으로 삼는 것은 상상할 수 없는 일이라고 말했다. 본사 수준에 버금가는 제작비와 제작기간을 들인 핑크 피쉬는 참신한 기획의도와 높은 제작 수준으로 화제가 되었고 한국방송대상, 한국PD대상 등 방송계의 수많은 상을 수상했다. MBC 네트워크와 케이블채널을 통해 수차례 전국에 방송했고 다섯 편을 골라 아리랑TV를 통해 전세계로 송출했다. 지금도 기회 있을 때마다 지역에서 재방송되고 있고 OTT를 통해 유료로 시청할 수 있다. 열한 편의 시리즈 중 두 편에서 나주와 영산포가 나온다.

부임 직후 적자를 이유로 폐지되어 있던 인디음악프로그램 난장을 되살렸다. 방송을 계속한 십년 동안 축적한 방대한 양의 콘텐츠를 잘 활용하고 기획 여하에 따라서는 돈을 벌 수도 있다고 생각했다. 프로그램이 폐지당하는 아픔을 겪었던 담당 피디는 난장을 베이스 삼아 다양한 기획을 했다. 예를 들어, 아시안탑밴드(ATB). 아시아 열 나라의 국가대표 밴드들이 우리 지역에 모여 일주일 이상에 걸쳐 실력을 겨룬다. 전국과 외국에서 음악팬들이 우리 지역을 찾아와 경연대회를 즐긴다. 담당 피디는 훌륭한 기획으로 막대한 제작비를 외부에서 지원받는 데 성공했다. 코로나만 아니었다면 각국을 대표하는 밴드들과 음악팬들이 나주에 모여 일주일 이상 국제적인 음악축제를 즐길 수 있었을 것이다. 경연대회는 각국의 제휴방송사를 연결하여 온라인으로 진행할 수밖에 없었다.

나는 광주MBC가 5.18 콘텐츠의 허브가 되어야 한다고 생각했다. 5.18과 관련한 프로그램 제작을 전폭적으로 지원했다. 5.18 전문 김철원 기자는 매년 빼어난 다큐멘터리를 만들었고(<두 개의 일기>, <이름도 남김 없이>) 5.18 40주년을 기념하는 미니 다큐 시리즈 '내 인생의 오일팔'을 제작했다. 문재인 대통령을 직접 만나 인터뷰한 '문재인 대통령의 오일팔'은 큰 화제가 되었다. 백재훈 피디가 만든 5.18 40주년 특별기획 다큐멘터리 '오월행'은 방문진 대상에서 동상을 받았고 부산국제영

화제에서 상영되었다. TV만이 아니라 라디오에서도 5.18 프로그램을 충실히 제작했다. 책 '녹두서점의 오월'을 20부작 라디오 드라마(연출 김귀빈)로 만들어 방송했다. 5.18의 진실을 더 널리 알리기 위해 오랫동안 광주MBC가 제작한 다큐멘터리들 가운데 다섯 편을 선정해 DVD와 USB 패키지로 제작했다.

인생이야기 12

공영방송 광주MBC, 그리고 새로운 도전

나는 고 김대중 대통령을 알리는 데도 힘을 썼다. 정치인으로서 호불호를 떠나 현대 한국인 중 김대중만큼 전 세계적으로 알려진 이름이 달리 또 있는가. 김대중이라는 이름을 잘 활용하면 전 세계에 대한민국을 알리고 이미지를 높이는 데 크게 도움이 될 터인데 국가적으로는 물론 호남에서조차 김대중 대통령을 선양하고 활용하는 일에 소홀한 현실이 안타까웠다. 지역이 낳은 위대한 인물을 지역에서 먼저 대대적으로 기념하고 선양하는 활동을 해야 남들도 관심을 갖는 법이다. 광주MBC 권역인 화순에는 김대중기념공간이 있었고 평생 김대중을 연구하고 관련 서적을 출판해온 정진백 선생이 있었다. 정진백 선생의 협조를 얻어 김대중 관련 행사를 중계하고 프로그램을 제작했다. 광주MBC 사장 퇴임 후 과분하게도 김대중평화센터 김홍업 이사장으로 감사패를 받았다.

선택과 집중을 통한 대형 프로그램 제작과 더불어 광주MBC 권역 내 지자체들과 손잡고 다양한 문화사업을 진행했다. 유네스코 세계지질공원으로 인정받은 무등산권을 널리 알려 지역발전에 도움이 되도록 하기 위해 광주 담양 화순과 협력하여 무등산권 지오마라톤대회를 만들었다. 광주MBC로서는 처음 해본 이벤트였으나 훌륭하게 성공시켰다. 코로나만 아니었으면 계속 이어졌을 텐데 아쉽다.

나주시에 제안해 나주 원도심 정미소의 오래된 창고를 광주MBC 음악프로그램 난장의 공연장(난장곡간)으로 만들었다. 코로나 사태가 터지기 전에는 공연 때마다 전국에서 수백 명의 젊은 음악팬들이 난장곡간을 찾아왔다. 생전 나주를 찾을 일 없는 젊은이들이 나주 원도심을 찾아오는 기적 같은 일이 생긴 것이다. 난장곡간에서 진행되는 공연은 녹화 방송되는데 그때마다 나주라는 이름이 전국의 음악팬들에게 알려지고 있다.

광주 남구청과 협력하여 양림동 펭귄마을 입구에 광주MBC 라디오스튜디오를 만들었다. 펭귄스튜디오에서는 '정오의 희망곡'과 '놀라운 세 시'라는 두 프로그램을 생방송으로 진행한다. 누구든 생방 현장을 가까이에서 볼 수 있고 출연자들과 직접 교류할 수 있어 양림동 활성화에 크게 기여하고 있다.

담양군과 MOU를 체결하고 원도심에 광주MBC가 보유하고 있는 LP판을 활용해 LP뮤지엄을 만드는 사업을 추진했다. 원래 나주정미소를 염두에 두었으나 뜻대로 되지 않았다. 난장곡간과 함께 LP뮤지엄이 들어섰다면 나주정미소는 그야말로 음악콘텐츠 정미소가 될 수 있었을 것이다. 난장 공연을 보러오는 젊은이들과 LP뮤지엄을 찾아오는 음악팬들의 발길이 끊임없이 이어질 것이다.

지자체와 손잡고 문화사업을 진행하면서 도시재생과 활성화에는 문화적 관점이 효과적이고 필수적이라는 사실을 실감했다. 건물 하나를 짓더라도 기능을 충족하는 것으로 끝나서는 안 된다. 가령, 제주도에 있는 본태미술관. 소장된 작품들보다 세계적인 건축가 안도 타다오가 설계했다는 건물을 보러 찾아오는 관람객들이 더 많다.

하고 싶은 일을 하기에 3년의 임기는 짧았다. 내 유일한 취미는 쉰 살 때부터 타기 시작한 오토바이다. 서울에 가지 않은 주말이면 오토바이를 타고 전라남도 곳곳을 누볐다. 전라도를 이해하는 데 크게 도움이 되었다. 나주를 보면 답답했다. 어느 곳보다 가진 자원이 많은데 인근 군 단위 지자체들보다 뭐 하나 대표적으로 내세울 것이 없는 현실이 안타까웠다.

퇴임 후 내 계획은 좋아하는 오토바이를 타고 유라시아를 횡단하는 것이었다. 광주에는 혼자서 오토바이를 타고 시베리아를 네 번이나 횡단한 탐험가 김현국이 있었다. 수시로 만나 얘기를 들었다. 동해항에서 오토바이를 싣고 블라디보스톡에 내린 뒤 시베리아를 건너 유럽까지 가는 여정은 상상하는 것만으로 가슴이 뛰었다.

코로나 사태가 터지면서 해외여행 자체가 힘들어졌다. 유라시아 횡단은 보류해야 했다. 서울에서 즐겁게 살면 되지 뭐. 오토바이 여행을 하고 책을 쓰고. 대학에서 학생들에게 방송 경험을 얘기하고 언론에 관해 가르칠 수 있는 있는 기회가 생기면 좋고 아니어도 그만이고. 하지만 어디 인생이 뜻대로 되던가.

"사장님, 언제 퇴임하셔요?"

퇴임하기 한참 전 어떤 이가 물었다.

"왜요? 아직 1년 이상 남았는데요."

"퇴임 후 서울 가지 마시고 나주를 위해 일해보시면 어때요?"

"무슨 말씀?"

그렇게 말한 이는 나주의 현실을 이야기하며 내게 나주로 내려와 일해 볼 것을 권했다. 나는 펄쩍 뛰었다. 전혀 그럴 생각이 전혀 없었다. 오십대를 줄곧 권력의 탄압을 받으며 보내다가 정년 직전에 방송 인생을 해피엔딩으로 끝낼 수 있어서 얼마나 다행이었는데. 남은 인생은 좋아하는 일을 하며 살아야지.

얼마간 시간이 지난 후 또 다른 이가 같은 말을 했다. 손사래를 쳤다. 하지만 말이 씨가 된다고 했던가. 묘하게도 안에서 고민이 자라기 시작했다. 코로나 때문에 꿈꾸던 모터사이클 유라시아 횡단은 불가능해졌다. 남도 여기저기를 다녀본 바 나주만큼 풍부한 역사문화인물 자원을 가진 곳도 드물다. 그런데 나주는 관광지로서 이미지가 전혀 없다. 인근 군 단위 지자체들보다 못하다. 왜일까. 준공된 난장곡간의 수준을 보고 느꼈던 실망감이 되살아났다.

혁신도시에 입주한 공기업에 임원으로 근무하는 후배가 말했다.

"우리도 기왕 지역에 내려온 바에 지역을 위해 도움 되는 일을 하고 싶지요. 지역과 상생해야 하는 의무도 있고요. 그렇다고 무턱대고 돈을 쓸 수는 없는 일 아닙니까. 돈을 쓸 명분과 아이디어를 제시하는 건 지자체가 해야지요."

후배는 나주사람이 들으면 자존심이 상할 말을 했다. 서울에 사는 동안 나주는 내게 내내 그리운 곳이었다. 어릴 적 친구들이 있고 유년의 모든 추억이 남아 있는 곳. 한참 현업PD로 현장을 뛰어다니던 시절. 어쩌다 한번 나주에 들르면 어쩜 그리 변화가 없는지, 쇠락한 풍경에 가슴이 아팠다. 그런 나주에 글로벌 수준의 기업들이 입주하고 수만 명의 수도권 인구가 이주해 와 사는 기적 같은 일이 벌어졌다. 그런데 나주를 이끄는 리더십의 수준은 혁신도시의 수준과 차이가 있다.

'퇴임 후 나주에 남아 일해 볼까?'

'에이, 아니지, 내가 왜?'

'힘들어도 보람 있을 것 같잖아.'

'편한 길 놔두고 왜 사서 가시밭길을 걸어야 해?'

엎치락뒤치락. 자문자답이 이어졌다. 1년 이상 그랬다. 퇴임 직전 마음이 기울었다. 그래 한번 해보자.

그런데 현실적으로 가능한 일일까. 친구 몇과 상의했다.

"옛날 같으면 턱도 없을 텐데 지금의 나주라면 가능성이 있어. 나주 인구 중에 도시에서 유입된 사람들 수가 삼분의 일은 될 거야. 혁신도시 영향으로 나주사람들 생각도 많이 바뀌고 있고."

친구들은 자네가 결심하면 도와주겠다고 말했다. 너무 오래 떠나 있었기 때문에 아무런 인적 네트워크가 없는 나로서는 친구들의 도움이 필수적이다. 다음으로 넘어야 할 산이 있었다. 남의 눈에 띄지 않게 조용히 평범하게 사는 걸 좋아하는 아내는 피디수첩으로 얼굴이 알려진 남편을 평생 부담스러워했다. 그런데 또 나주를 위해 뭘 해보겠다고? 결사반대였다.

"당신 좋아하는 제주도 한 달 살기 해보지 않을래?"

제주도를 무척 좋아하는 아내는 내 제안에 바로 찬성했다. 퇴임 며칠 후 제주도로 떠났다. 한 달 동안 서귀포 법환마을에 머무르며 제주도 구석구석을 여행했다. 보고 듣고 느낀 것을 매일 SNS에 기록했고 한데 모아 책을 펴냈다. 서귀포에서의 한 달은〈송일준 PD 제주도 한 달 살기〉를 쓴 기간이었지만 나주에 내려가 나주를 위해 일해보고 싶다고 열심히 아내를 설득한 기간이기도 했다.

"언제 당신이 내가 반대한다고 안 한 적 있어."

제주도 한 달 살기가 끝나갈 무렵 아내는 몇 가지 조건을 내걸고 내 뜻에 동의했다. 2021년 6월 1일 빛가람동에 아파트를 얻어 나주로 이사했다. 나주사람들을 만나 이야기를 듣고 내 뜻을 알리기 시작했다. 나주 곳곳을 탐방하며 보고 듣고 느낀 것을 SNS에 기록하기 시작했다. 송일준의 나주수첩이라는 타이틀로 써온 글이 책 한 권 분량을 넘었다. 아직도 돌아보지 못한 곳들이 많지만 광주MBC 사장에서 퇴임한 지 두 번째 책을 펴낼 수 있게 되었다.

평생 방송밖에 모르고 살았다. 피디라는 직업의 특성 상 늘 별 것 아닌 것을 무심코 보지 않고 살았다. 피디는 어떤 이슈든 방송 소재로 삼을 수 없을지 어떤 소재든 매력적인 콘텐츠로 만들어낼 수 없을지 고민하는 사람이다. 어느 때보다 창조적 융복합적 사고가 필요한 시대다. 복안으로 사물을 바라보고 해결책을 찾아내고 길을 개척해나가는 추진력이 필요한 시대다. 환갑이 훨씬 넘은 나이에 시작한 도전. 결말은 알 수 없지만 후회 없이 끝까지 매진할 생각이다. 진인사대천명. 일도 사랑도 여행도 인생도 마찬가지다.

한 번 살다 가는 인생. 더 나은 세상을 만드는 데 조금이라도 기여할수 있다면 보람 있을 것이다. 37년 동안 방송 피디로 살았다. 피디의 시각으로 나주를 바라보니 참으로 할 일이 많다. 폭넓고 다양하게 축적한 경험을 지역 발전에 활용하고 싶다. 일이 하고 싶다.

서울.

"왜 나주예요?"

퇴직 후 나주에 내려가 있다고 말하면 돌아오는 질문이다. 여차저차해서 나주를 위해 일해보고 싶어져서라고 하면 "퇴직 후 다들 서울에서 무슨 할 일이 없나 하고 기웃거리는데 안 그래서 보기 좋다. 그런데 그게 쉽겠느냐" 한다.

나주.

"왜 서울이 아니고 나줍니까?"

나주에서 만나는 사람들도 똑같은 질문을 한다. 서울에서보다 조금 자세하게 답한다. 나주에서 자라며 공부하다 상경했기 때문에 유년의 모든 추억이 나주에 있고, 어릴 적 친구들이 있고, 광주MBC 사장 재직 3년 동안 나주와 다시 연이 이어졌고, 지역발전에 도움이 되는 방송을 하려 노력했고, 지자체와 손을 잡고 여러 가지 문화사업을 했고, 이러저

러한 것들이 답답하고 안타깝던 차에 퇴직하면 나주를 위해 일해 보면 어떻겠느냐 말하는 사람들이 생겼고, 처음에는 전무하던 생각이 '그래, 힘들겠지만 도전해볼 가치가 있겠다'라는 데까지 커져서 그렇게 된 거라고.

여기서 "아, 그래요? 잘 생각하셨습니다" 하면 다행이지만 연이어 묻는 사람들이 있다.

"서울에서 더 큰 일을 해도 되실 텐데요, 왜 지방으로 오신 건지 여전히 잘 이해가 안 갑니다."

서울과 지방을 비교하고 지방에서 하는 일이 서울만 못하다고 스스로 비하하는 사고가 놀랍지만 내색하지 않는다. 높이 평가해주는 건 고마운 일이나, 큰 일을 해도 될 사람은 주로 국회의원 같은 정치인을 염두에 두고 하는 말이니 당혹스럽다. 몇 사람을 제외하고 정치인을 큰 일하는 사람이라고 생각해본 적이 없다. 아니 큰 일을 하는 사람일진 몰라도 존경할만하다고 생각하는 이는 드물다. 그래도 성의껏 설명한다 .

"생각지도 않게 인생행로가 바뀌었다. 애초에 정치에 뜻이 있었으면 서울에서 했을 것이다. 늘 그리웠던 곳에서 보람 있는 일을 해보고 싶어서 온 거다. 하고 싶은 일들이 많다. 작은 도시(사실은 나주의 면적이 서울보다 여의도 하나만큼 더 넓다)인지라 짧은 기간에 눈에 띄는 변화를 이뤄낼 수 있지 않겠느냐."

광주MBC 사장으로 일하면서 주말이면 가끔 오토바이를 타고 나주 여기저기를 가볍게 구경했다. 나주에 내려온 후에는 구석구석을 자세히 탐방했다. 나주는 제주도처럼 유명한 국제관광지는 아니지만 수없이 많은 흥미진진한 스토리와 역사문화인물 자원이 있다. 잘만 활용하면 모두 훌륭한 관광자원이다. 보고 듣고 느낀 것을 SNS에 "송일준의 나주수첩"이란 타이틀로 연재했다.

나주에 산 7개월 동안 띄엄띄엄 쓴 글이 어느 새 책 두 권 분량이 되었다. 아직 다 돌아보지 못했으니 여전히 써야할 것들이 많지만 일단 책으로 묶어내기로 했다. 나주만을 소재로 한 여행서로는 처음이지 않을까. 37년의 방송 생활을 마치고, 작년 5월 써낸 〈송일준 PD 제주도 한 달 살기〉에 이은 제2탄이다. 책을 다 읽고 나면 더 이상 "나주요? 나주배, 나주곰탕… 또 뭐가 있더라?"라는 말은 안 하게 되지 않을까.

책을 읽고 나주를 여행하고 싶어지면 지체 말고 떠나시라. KTX나 SRT를 타면 당일치기도 가능하고 자동차라면 며칠 숙박여행도 좋다. 나주에 오게 되면 연락하시라. 혹 아는가. 시간이 나면 직접 안내해드릴 수 있을지.

2022년 1월 25일

나주 영산포 '1989 삼영동커피집'에서

송일준의 나주 수첩 ❶

초판 인쇄   2022년 2월 3일
초판 발행   2022년 2월 10일

지은이   송일준
펴낸이   김상철
발행처   스타북스
등록번호   제300-2006-00104호
주소   서울시 종로구 종로 19 르메이에르종로타운 B동 920호
전화   02) 735-1312
팩스   02) 735-5501
이메일   starbooks22@naver.com
ISBN   979-11-5795-629-6 04980
        979-11-5795-628-9 (세트)